就是喜歡這樣的自己

May Me 的自然自在手作服

伊藤みちよ◎著

CONTENTS

P.和風式立領連身裙
P.22

Q.長版襯衫連身裙
P.24

R.小圓領連身裙
P.25

S.長版針織連身裙
（圓領款式／船型領款式）
P.26,27

T.居家連身褲
P.28

U.連身裙
P.29

V.圍裙
P.30

W.無領外套
P.32

X.巴爾瑪肯外套
P.34

Y.巴爾瑪肯大衣
P.35

Z.粗呢大衣
P.36

製作西裝領連身裙 ▶ P.37

製作作品之前的準備 ▶ P.42

HOW TO MAKE ▶ P.44～

A.B

落肩罩衫&
蝴蝶結腰帶寬褲

Off-the-shoulder blouse & Wide pants

領圍加入細褶設計，柔軟具休閒感的罩衫，
落肩款式穿起來很舒服。搭配長蝴蝶結腰帶
寬褲，是現在最流行的穿搭喔！

HOW TO MAKE ➤ P.44（罩衫）、P.59（蝴蝶
結腰帶寬褲）

A

B

布料提供／fabric bird（罩衫）

蝴蝶結腰帶設計，繫在前面很時尚。

C

傘狀上衣
A-line blouse

下襬呈傘狀設計的上衣，不論是如圖中的穿搭或塞進褲子裡都很好看。前後片稍顯不同的長度，更加清爽有型。

HOW TO MAKE ➤ P.50

布料提供／Pres-de

D

V領上衣
V-neckline blouse

淺淺V領可以顯露出美麗的鎖骨線條。
搭配寬幅反摺袖口，不論搭配褲子或裙
子都很合適，是素雅又簡單的款式。

HOW TO MAKE ➤ P.53

布料提供／清原

E.F

荷葉邊剪接袖罩衫&
鬆身長褲

Frill sleeve blouse &
Comfortable trousers pants

袖口和領口的小小細褶，低調又帶點可愛感的荷葉邊剪接袖款式，袖口有鬆緊帶設計和寬鬆下襬。搭配的鬆身長褲，也可以當成內搭褲穿搭。

HOW TO MAKE ➤ P.46（罩衫）、P.48（長褲）

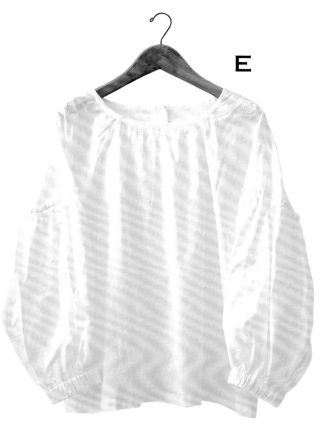

E

F

布料提供／fabric bird（罩衫・長褲）

背後開襟設計很俏皮。

G

荷葉領上衣
Frill collar blouse

摺疊褶襉所製作而成的荷葉邊領。簡
單款式搭配華麗細節,更顯時尚。

HOW TO MAKE ➤ P.45

布料提供／清原

H

拼接肩帶上衣
Shoulder-patch blouse

寬領圍搭配拼接肩帶。可以依自
己喜愛選擇花紋搭素面布料，作
出多種組合，多變又百搭。

HOW TO MAKE ➤ P.51

布料提供／清原　褲子：P.16箱型褶襉寬褲（布料提供／CHECK＆STRIPE）

I
蝴蝶結鏤空上衣
Back-ribbon blouse

後背開叉鏤空的蝴蝶結綁帶設計。簡單的製作方法,輕鬆就能完成。袖口加入大量的細褶設計。不論是喜歡甜美、或是中性風格的人,都很推薦製作喔!

HOW TO MAKE ➤ P.47

也可以將蝴蝶結的那一面反穿在前面,是搭配相當自由的設計。

褲子:P.4蝴蝶結腰帶寬褲(不同顏色)

J
船型領上衣
Crew neckline blouse

上衣搭配淺淺的領圍，風格洗練又精
緻。單穿就很百搭，可以選擇自己喜歡
的印花來製作這款簡單大方的設計。

HOW TO MAKE ＞ P.52

布料提供／點與線模樣製作所

K

荷葉立領上衣
Stand-up collar & frill blouse

小小立領搭配可愛的荷葉邊，流露出
復古又典雅的風情。如果採用具有光
澤的棉沙典布來製作，也可以出席正
式的場合。

HOW TO MAKE ➤ P.54

布料提供／點與線模樣製作所

後片加入褶襉設計。
乍看短版的設計，寬
鬆好穿又實用。

L.M

條紋上衣&
箱型褶襉寬褲

Border cutandsew & Box tuck pants

簡單的休閒上衣，前後身片的長度不同，呈現
出前短後長的設計。褶襉款式的褲子，乍看還
以為是裙子。非常百搭的兩款設計，搭配度很
高喔！

HOW TO MAKE ➤ P.56（上衣）、P.58（褲子）

L

M

布料提供／布地のお店Solpano（上衣）・CHECK＆STRIPE（褲子）

18

N

一片裙
Wrapped skirt

規律摺疊的一片裙,搭配蝴蝶結設計很可愛。恰到好處的分量,行走也很方便的款式。稍長的裙襬,是今年流行的長度喔!

HOW TO MAKE ➤ P.60

布料提供／Pres-de

西裝領連身裙
Tailored-collar one-piece

典雅的西裝領連身裙,是每位成熟女性
必備的款式。不採細褶而是褶襉設計,
更突顯洗練感。單穿很好看,披上外套
也很時尚。

HOW TO MAKE ➤ P.37(圖片步驟解說)

布料提供／Faux＆Cachet Inc.

P

和風式
立領連身裙

Cache-coeur one-piece of stand-up collar

中性風格的立領，展現學院風女孩的典
雅款式，格紋布料更增添傳統氛圍。裙
身和P.18的一片裙是同樣的設計。

HOW TO MAKE ➤ P.62

布料提供／fabric bird

Q

長版襯衫連身裙
Long snirt one-piece

長版襯衫連身裙，搭配深開叉設計
方便行動。不對稱的前後片下襬設
計，可彰顯自我個性，連小小的領
子都很有獨特感。

HOW TO MAKE ➤ P.64

布料提供／BLueGray

R

小圓領連身裙
Flat collar one-piece

領子和袖口的白色布片剪接設計，
A型傘狀輪廓相當百搭，更是日常
生活中的穿搭幫手。

HOW TO MAKE > P.66

布料提供／fabric bird

S

長版針織連身裙
Long knit one-piece(round neckline)

寬鬆尺寸的針織連身裙,胸前小小的口袋設計很別緻。可以依自己喜好決定開叉的高度。

HOW TO MAKE ➤ P.68

布料提供／布地のお店Solpano

船型領
Long knit one-piece(bottle neckline)

將P.26款式的領子改為船型領。舒服的寬鬆領圍,非常適合秋冬季節的穿搭。

HOW TO MAKE > P.69

T

居家連身褲
Salopette

寬鬆舒適的居家連身褲。最適合在家裡穿著。不論哪個時代都不會退流行的一款。

HOW TO MAKE ➤ P.72

布料提供／BLueGray　上衣：P.16條紋上衣（不同顏色）

U

連身裙
Jumper skirt

將P.28連身褲稍作變化的連身裙
款式。搭配成休閒風就很可愛，
是造型的好幫手。

HOW TO MAKE ➤ P.70

布料提供／Faux & Cachet Inc.

圍裙
Apron

讓每天辛苦作家事變成一種時尚的選擇？
後片完全重疊的設計，看起來也像一款美
麗的裙子。

HOW TO MAKE ➤ P.73

布料提供／Pres-de

W

無領外套
No-collar jacket

無領外套不論配褲子還是裙子都很
合適，採用丹寧布料搭配白色壓
線，突顯休閒風感。推薦使用亞麻
或羊毛質料的布料。

HOW TO MAKE ➤ P.77

裙子：P.18一片裙（不同布料 布料提供／BLueGray）

X

巴爾瑪肯外套
Soutien collar jacket

將P.32款式改為大翻領，優雅正式的風格，適合成熟女性的日常穿搭。

HOW TO MAKE ➤ P.75

布料提供／BLueGray

Y

巴爾瑪肯大衣
Soutien collar coat

將P.34外套改為長版款式,並搭配長袖和口袋設計。選用厚實布料,就不用擔心寒冷的冬天了!

HOW TO MAKE ➤ P.78

Z

粗呢大衣
Duffel coatigan

等到稍有寒意的季節，即可派上用場的大衣。沒有釦子的簡單款式，採用兩用素材，隱約可見的內裡圖案很特別。

HOW TO MAKE ➤ P.79

布料提供／BLueGray

捲起袖口也很別致。

LESSON 製作西裝領連身裙

PHOTO▶ P.20

完成尺寸
胸圍　94／96／103／109cm
衣長　109／112.5／118／119cm

材料
羊毛布寬140cm×300cm
黏著襯50×100cm
直徑1.3cm釦子9個

原寸紙型2面【O】
1-前身片、2-後身片、3-後貼邊、4-前裙片、5-後裙片、
6-袖子、7-領子
連身裙口袋紙型共用

裁布圖

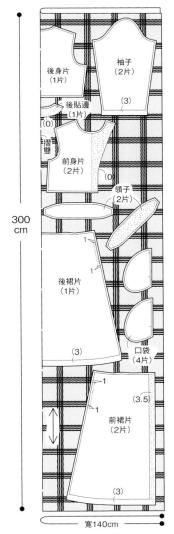

※（　）中的數字為縫份。
　除指定處之外，縫份皆為1cm。
※在 ▨ 的位置需貼上黏著襯。
※採用印花布時，前身片和
　前裙片前中心、前身片和
　後身片下襬對齊。

後身片（1片）
袖子（2片）
（3）
後貼邊（1片）
（0）
摺雙
前身片（2片）
（0）
領子（2片）
後裙片（1片）
1
1
（3）
口袋（4片）
1
1
（3.5）
前裙片（2片）
（3）
300cm
寬140cm

準備

領子（背面）　　後貼邊（背面）
前裙片（背面）
前身片（背面）

領子（1片、斜布紋裁剪）、後貼邊、前貼邊（2片）、
前裙片縫份和口袋口（2片）貼上黏著襯。

前身片（背面）

前身片肩縫份進行Z字形車縫。

後身片（背面）

後身片肩縫份進行Z字形車縫。

1. 褶襉疏縫固定

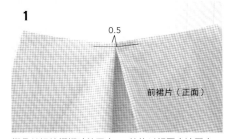

1

0.5

前裙片（正面）

摺疊前裙片褶襉疏縫固定。2片均以相同方法固定。

2

0.5　　0.5

後裙片（正面）

後裙片褶襉疏縫固定。

2.接縫身片和裙片

3

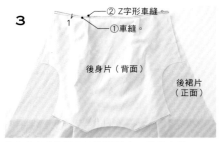

後身片（正面）

0.5　　　0.5

後身片及前身片作法相同，褶襇疏縫固定。

1

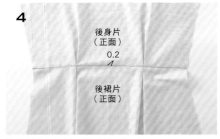

②Z字形車縫。
1
①車縫。

前裙片（正面）

前身片（背面）

前身片和前裙片正面相對疊合，縫份車縫1cm。縫份兩片一起進行Z字形車縫。另一組也依相同方法車縫。

2

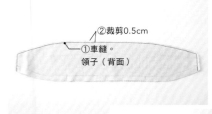

前身片（正面）

0.2
1

前裙片（正面）

縫份倒向衣身側。從正面壓線固定。

3

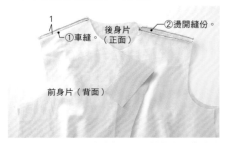

②Z字形車縫
1
①車縫。

後身片（背面）

後裙片（正面）

後身片和後裙片正面相對疊合，縫份車縫1cm。縫份兩片一起進行Z字形車縫。

4

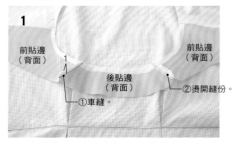

後身片（正面）

0.2
1

後裙片（正面）

縫份倒向衣身側。從正面壓線固定。

3.車縫領子

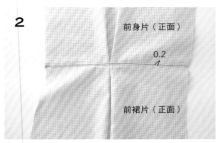

②裁剪0.5cm
①車縫。
領子（背面）

領子（正面）

領子正面相對疊合，領圍以外縫份車縫1cm。裁剪0.5cm縫份。翻至正面熨燙整理。

4.車縫前後身片肩線

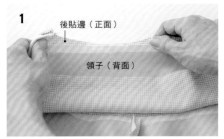

1
①車縫。
後身片（正面）
②燙開縫份。

前身片（背面）

前身片與後身片的肩線處正面相對疊合，車縫縫份1cm處，燙開縫份。

5.接縫後貼邊

1

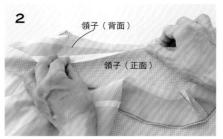

前貼邊（背面）
1
後貼邊（背面）
前貼邊（背面）
②燙開縫份。
①車縫。

前貼邊肩線和後貼邊肩線正面相對疊合，縫份車縫1cm。燙開縫份。

2

Z字形車縫。

前貼邊、後貼邊、裙片前貼邊布邊進行Z字形車縫。

6.接縫領子

1

後貼邊（正面）

領子（背面）

後身片領圍貼上黏著襯正面相對疊合。

2

領子（背面）

領子（正面）

重疊沒有黏著襯的領子。

3

後貼邊（背面）

領子（正面）

後貼邊正面相對疊合。

4

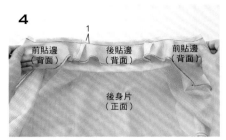

前貼邊和前身片正面相對疊合。縫份車縫1cm。

5

領圍弧度縫份剪牙口。

6

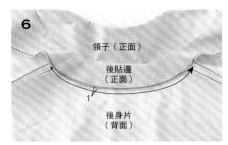

貼邊翻至正面，後貼邊邊端車縫固定。

7.接縫袖子

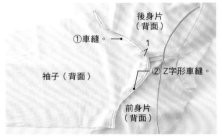

身片和袖子正面相對疊合。縫份車縫1cm。縫份兩片一起進行Z字形車縫。縫份倒向衣身側。

8.車縫脇邊

1

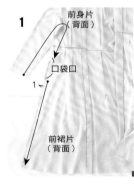

袖子和身片正面相對疊合，預留口袋口，車縫袖下至脇邊的縫份1cm。

2

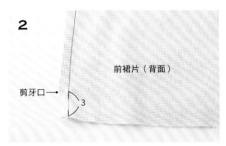

下襬兩側縫份剪牙口。

3

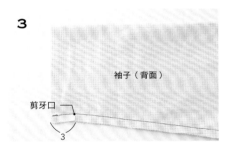

袖口縫份剪牙口。

9.接縫口袋

1

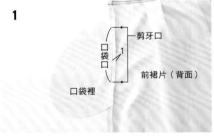

前裙片口袋口縫份和口袋正面相對疊合，縫份車縫1cm（避開後裙片）。口袋口上下剪牙口。

2

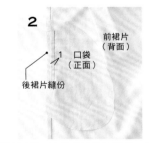

口袋翻至正面，口袋口以外的縫份一起翻至正面。口袋口壓線車縫（避開後裙片）。

3

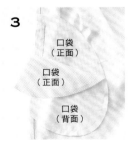

另一片口袋正面相對疊合。

4

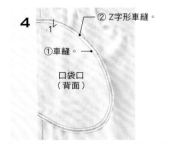

口袋周圍縫份車縫1cm，縫份兩片一起進行Z字形車縫。

5

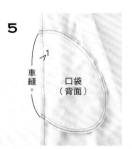

口袋上端至下端縫份車縫1cm，注意不要車縫到前裙片的口袋口。

6

除了袖口和下襬縫份，車縫袖下至脇邊。

3

3

7

口袋倒向前裙側。口袋口上下壓線。另一側依相同方法車縫口袋。

前裙片（正面）　　後裙片（正面）

10.車縫下襬和袖口

1

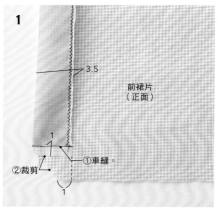

3.5

前裙片（正面）

1

①車縫。

②裁剪

1

前裙片縫份正面相對疊合車縫下襬。裁剪多餘縫份。兩側依相同方法車縫。

2

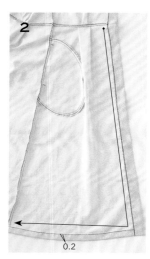

前裙片縫份翻至正面，下襬依1→2cm寬度三摺邊，前裙片邊端〜後裙片下襬〜前裙片邊端壓線車縫。

0.2

3

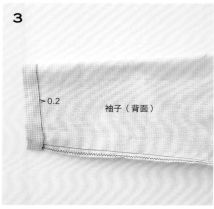

0.2

袖子（背面）

袖口依1→2cm寬度三摺邊車縫。

11.製作釦眼，裝上釦子

1

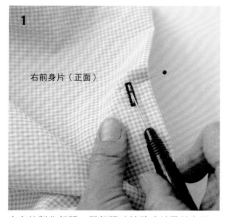

右前身片（正面）

右身片製作釦眼，開釦眼時請將珠針置於上側，避免切割過頭損傷布料。

2

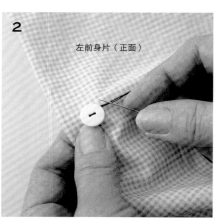

左前身片（正面）

左身片接縫釦子。

完成

HOW TO MAKE

- 本書款式均附有S・M・L・LL尺寸。請依照P.42尺寸表和作品完成尺寸選擇自己適合的大小。
- 裁布圖大約依照M尺寸。布料的種類不同也會造成尺寸的變更，請在裁布前，先排列紙型確認是否足夠。
- 直線部位未附紙型。請參考裁布圖尺寸，直接在布料上描繪裁剪。
- 原寸紙型未含縫份。請參考裁布圖畫上縫份。

製作作品之前的準備

關於尺寸

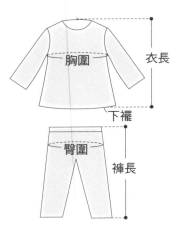

	S	M	L	LL
胸圍	79	83	89	95
腰圍	63	67	73	79
臀圍	86	90	96	102
身長	153至160		160至167	

本書各尺寸請參考右邊的表格，並搭配製作頁面的完成尺寸。

布料準備

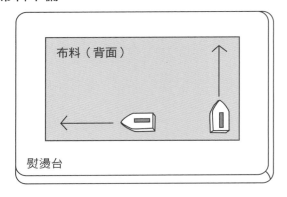

布料（背面）

熨燙台

參考製作頁面的材料，購買作品的布料。剛買的布料布紋歪斜，洗滌後易變形，因此布料需經浸水、熨燙等處理。但是像羊毛布或針織布等材質，請和商家確認處理方法。

車縫針和車縫線的關係

布料種類	薄布（上等細布、巴里紗）	普通布料（斜紋勞動布、牛津布）	厚布（羊毛布）
車縫針	9號	11號	14號
車縫線	90號	60號	30號

車縫針屬於消耗品

製作2至3件作品後，針尖會越來越鈍，也會影響成品完成度。經常更換車縫針，是製作漂亮作品的祕訣之一，請依據布料選擇適合的針和線。
另外針織布請選擇針織布專用車縫針。

簡單的尺寸測量

1 布寬110cm時 =11cm

先畫出長長的直線

描繪1/10的四方形布寬。

2

52cm時 =5.2cm

30cm時 =3cm

60cm時 =6cm

測量紙型長和寬最長的尺寸、描繪1/10四方形。

3

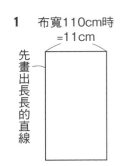

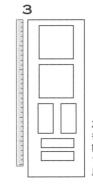

2個四方形併為1個之後，並列需要的紙型數，測量長度，乘以10倍就是需要的布料尺寸。

紙型製作方法

要描繪的紙型作上記號。

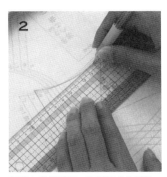

紙型上重疊紙張，確認尺寸後描繪。

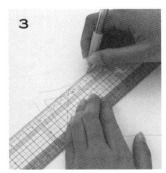

裁布圖確認縫份，以直尺沿完成線描繪平行縫份線。

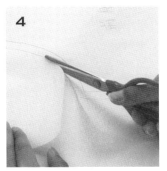

沿縫份線裁剪。

紙型記號

────────	完成線 …… 作品的完成線
↕	布紋線 …… 直布紋方向
─ · ─ · ─	摺雙 …… 布料對摺的褶線（左右對稱的形狀）
─ ─ ─ ─	貼邊 …… 描繪貼邊線
〰〰〰	細褶 …… 製作細褶標記
	褶襉 …… 斜線高的往低的方向摺疊

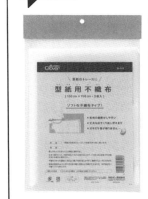
關於黏著襯使用方法

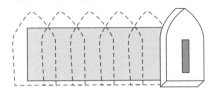

如果間隙過大易造成脫落，熨燙時請重疊熨燙面，並且在完全冷卻之前請勿移動。

關於釦眼

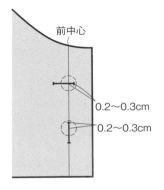

前中心

0.2～0.3cm

0.2～0.3cm

紙型上附有釦子位置標誌。從釦子位置的0.2至0.3cm右（上）開始製作釦眼。

關於製作斜布條

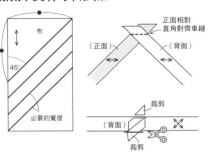

布

45°

必要的寬度

正面相對直角對齊車縫

（正面） （背面）

裁剪

（背面）

裁剪

和布紋呈45°裁剪斜布條，依照指定長度連接斜布條。

A.落肩罩衫

PHOTO▶ P.4

完成尺寸
胸圍　134／137／143／149cm　身長　53／54／56／57cm

材料
亞麻條紋布（藍色）寬135cm×140／150／150／160cm
黏著襯15×15cm
直徑1cm鈕子1個

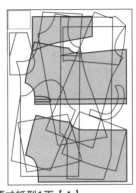

原寸紙型1面【A】
1-前身片、2-後身片、3-袖子、
4-後貼邊

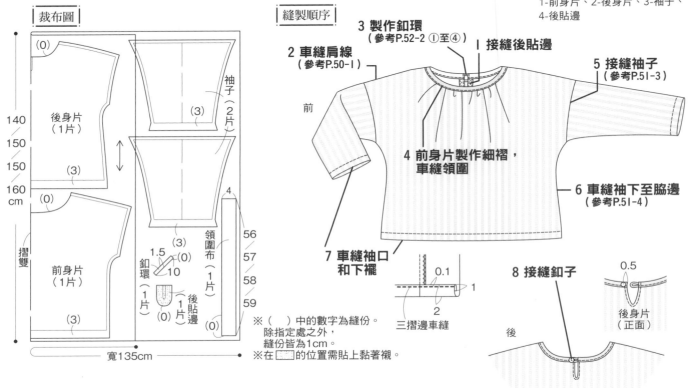

裁布圖

縫製順序

3 製作鈕環
（參考P.52-2 ①至④）

I 接縫後貼邊

2 車縫肩線
（參考P.50-1）

5 接縫袖子
（參考P.51-3）

前

4 前身片製作細褶，
車縫領圍

6 車縫袖下至脇邊
（參考P.51-4）

7 車縫袖口
和下襬

8 接縫鈕子

後

140
150
150
160
cm

後身片
（1片）

（0）

（3）

袖子
（2片）

（3）

（3）

摺雙

前身片
（1片）

（3）

（0）

1.5
（0）
10

鈕環
（1片）

（0）

領圍布
（1片）

後貼邊
（1片）

（0）

56
57
58
59

4

寬135cm

※（　）中的數字為縫份。
　除指定處之外，
　縫份皆為1cm。
※在▨的位置需貼上黏著襯。

0.1
1
2
三摺邊車縫

0.5
後身片
（正面）

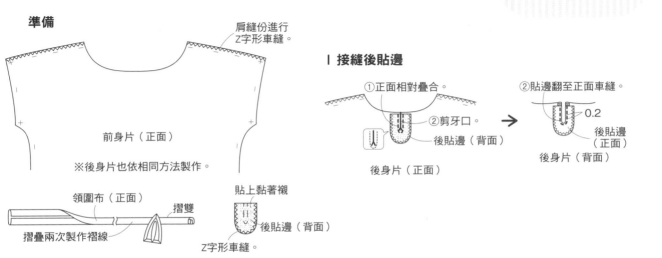

準備

肩縫份進行
Z字形車縫。

前身片（正面）

※後身片也依相同方法製作。

領圍布（正面）
摺雙
摺疊兩次製作褶線

貼上黏著襯
後貼邊（背面）
Z字形車縫。

I 接縫後貼邊

①正面相對疊合。
②剪牙口。
後貼邊（背面）
後身片（正面）

②貼邊翻至正面車縫。
0.2
後貼邊
（正面）
後身片（背面）

4 前身片製作細褶，車縫領圍

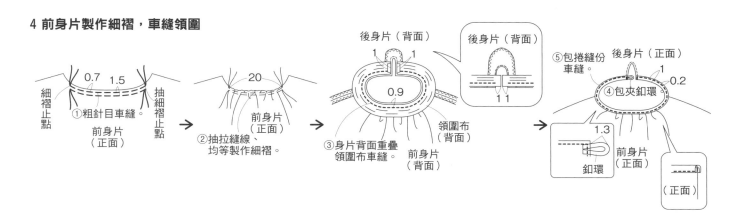

①粗針目車縫。
細褶止點　0.7　1.5　抽細褶止點
前身片（正面）

②抽拉縫線、均等製作細褶。
20
前身片（正面）

③身片背面重疊領圍布車縫。
後身片（背面）
1　1
0.9
領圍布（背面）
前身片（背面）

後身片（背面）
1　1

⑤包捲縫份車縫。
後身片（正面）
1
0.2
④包夾釦環
1.3
釦環
前身片（正面）
（正面）

G.荷葉領上衣

PHOTO▶ P.10

完成尺寸
胸圍　134／137／143／149cm　身長　53／54／56／57cm

材料
米色棉布（BE）寬110cm×230／230／240／240cm
黏著襯15×15cm
直徑1cm釦子1個

原寸紙型1面【G】
1-前身片、2-後身片、3-袖子、4-後貼邊

後

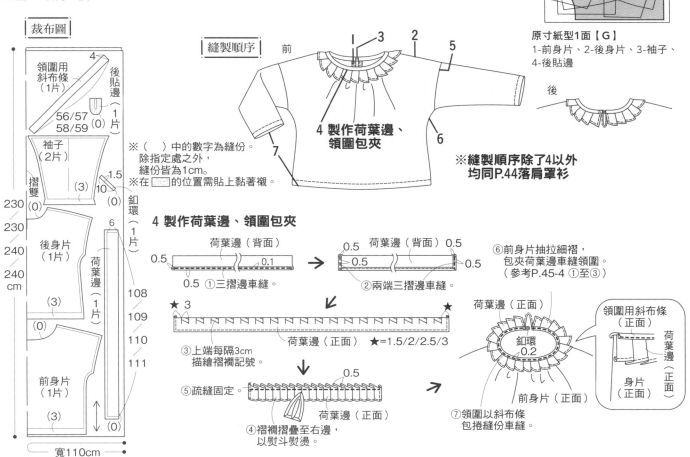

裁布圖

領圍用斜布條（1片）
後貼邊（1片）
56/57　(0)
58/59
4

袖子（2片）
摺雙　1.5　(0)
(3)　10

後身片（1片）
釦環（1片）
(3)　6

荷葉邊（1片）
230 (0)
230
240
240
cm
108
109
110
111

前身片（1片）
(3)
(0)

寬110cm

※（　）中的數字為縫份。除指定處之外，縫份皆為1cm。
※在▨的位置需貼上黏著襯。

縫製順序　前

前　3　2　5

4 製作荷葉邊、領圍包夾

6
7

※縫製順序除了4以外均同P.44落肩罩衫

4 製作荷葉邊、領圍包夾

荷葉邊（背面）
0.5　0.1
0.5　①三摺邊車縫。

荷葉邊（背面）0.5
0.5　0.5
②兩端三摺邊車縫。

⑥前身片抽拉細褶，包夾荷葉邊車縫領圍。
（參考P.45-4 ①至③）

★3
荷葉邊（正面）　★=1.5/2/2.5/3
③上端每隔3cm描繪褶襉記號。

荷葉邊（正面）
釦環
0.2
前身片（正面）

領圍用斜布條（正面）
荷葉邊（正面）
身片（正面）

⑤疏縫固定。
0.5
荷葉邊（正面）
④褶襉摺疊至右邊，以熨斗熨燙。

⑦領圍以斜布條包捲縫份車縫。

45

E.荷葉邊袖上衣

PHOTO▶ P.8

完成尺寸
胸圍　134／137／143／149cm　身長　53／54／56／57cm

材料
棉質布（白）寬100cm×250／250／260／260cm
黏著襯70×10cm
直徑1.3cm釦子5個
寬2cm鬆緊帶50cm

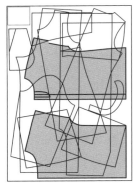

原寸紙型1面【E】
1-前身片、2-後身片

|裁布圖|

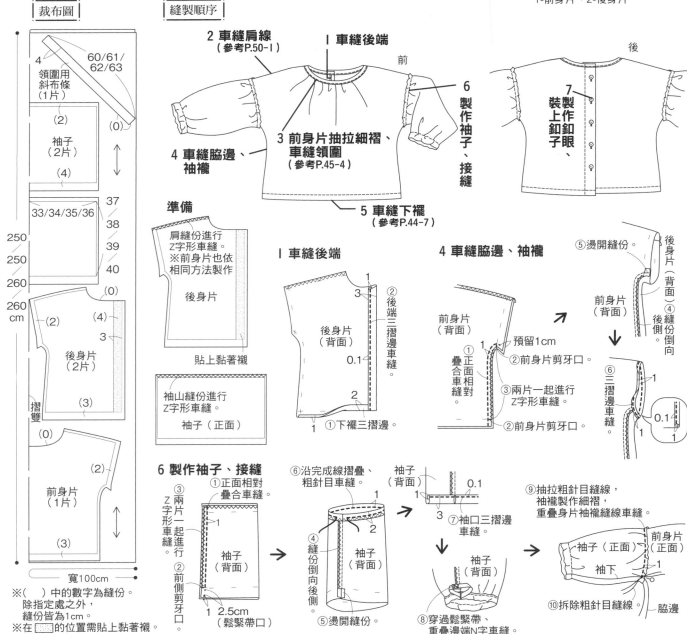

4　領圍用斜布條（1片）　60/61/62/63
（2）
袖子（2片）
（4）　（0）
33/34/35/36　37
38
250　39
250　40
260　（0）
260cm　（2）　（4）
後身片（2片）　3
摺雙　（3）
（0）
前身片（1片）　（2）
（3）
寬100cm

※（ ）中的數字為縫份。
除指定處之外，
縫份皆為1cm。
※在▨的位置需貼上黏著襯。

|縫製順序|

2 **車縫肩線**（參考P.50-I）
I **車縫後端**
前　後

6 **製作袖子、接縫**

3 **前身片抽拉細褶、車縫領圍**（參考P.45-4）

4 **車縫脇邊、袖襱**

5 **車縫下襬**（參考P.44-7）

7 **裝製上釦作眼、釦子**

準備
肩縫份進行Z字形車縫。
※前身片也依相同方法製作
後身片
貼上黏著襯

袖山縫份進行Z字形車縫。
袖子（正面）

I **車縫後端**
1　3　②後端三摺邊車縫。
後身片（背面）
0.1
2
1　①下襬三摺邊。

4 **車縫脇邊、袖襱**
前身片（背面）
預留1cm
1　②前身片剪牙口。
①疊合正面相對車縫
③兩片一起進行Z字形車縫。
②前身片剪牙口。

⑤燙開縫份。
後身片（背面）　後側
縫份倒向
前身片（背面）　後側
⑥三摺邊車縫
0.1　1

6 **製作袖子、接縫**
①正面相對疊合車縫。
③Z字形車縫兩片一起進行。
②前側剪牙口。
1　2.5cm（鬆緊帶口）

⑥沿完成線摺疊、粗針目車縫。
1　2
袖子（背面）
④縫份倒向後側。
⑤燙開縫份。

袖子（背面）
0.1
1
3　⑦袖口三摺邊車縫。

袖子（背面）
⑧穿過鬆緊帶、重疊邊端N字車縫。

⑨抽拉粗針目縫線，袖襱製作細褶，重疊身片袖襱縫線車縫。
袖子（正面）　前身片（正面）
袖下　1
⑩拆除粗針目縫線　脇邊

I.蝴蝶結鏤空上衣

PHOTO▶ P.12

完成尺寸
胸圍　134／137／143／149cm　身長　53／54／56／57cm

材料
印花布（Fenton）寬110cm×230／230／240／240cm
黏著襯15×70cm

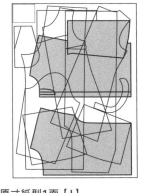

原寸紙型1面【I】
1-前身片、2-後身片、3-袖子、
4-後貼邊

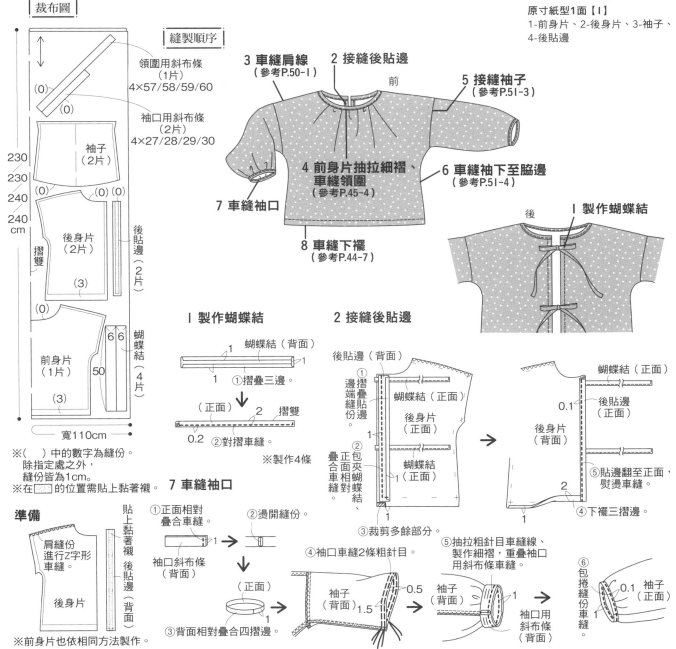

裁布圖

領圍用斜布條
（1片）
4×57/58/59/60

袖口用斜布條
（2片）
4×27/28/29/30

袖子
（2片）

230
230
240
240
cm

摺雙

後身片
（2片）

後貼邊
（2片）

蝴蝶結
（4片）

前身片
（1片）

6 6

50

寬110cm

※（　）中的數字為縫份。
　除指定處之外，
　縫份皆為1cm。
※在▨的位置需貼上黏著襯。

縫製順序

3 車縫肩線
（參考P.50-I）

2 接縫後貼邊

前

5 接縫袖子
（參考P.5I-3）

4 前身片抽拉細褶、
　車縫領圍
　（參考P.45-4）

6 車縫袖下至脇邊
（參考P.5I-4）

7 車縫袖口

8 車縫下襬
（參考P.44-7）

後

I 製作蝴蝶結

I 製作蝴蝶結

蝴蝶結（背面）
1
1
1
①摺疊三邊。

（正面）
2
摺雙
0.2　②對摺車縫。

※製作4條

2 接縫後貼邊

後貼邊（背面）
邊摺
端疊
縫貼
份份
。。
①
蝴蝶結（正面）
後身片
（正面）
1
蝴蝶結（正面）
1
②疊正包
合面夾
車相蝴
縫對蝶
份。結
③裁剪多餘部分。

蝴蝶結（正面）
0.1
後貼邊
（正面）
後身片
（背面）
2
⑤貼邊翻至正面，
　熨燙車縫。
④下襬三摺邊。

7 車縫袖口

準備

肩縫份
進行Z字形
車縫

後身片
（背面）

貼
上
黏
著
襯

後
貼
邊
（
背
面
）

※前身片也依相同方法製作。

①正面相對
　疊合車縫。
1
袖口斜布條
（背面）

②燙開縫份。

（正面）
③背面相對疊合四摺邊。
1

④袖口車縫2條粗針目。
袖子
（背面）
1.5
0.5

⑤抽拉粗針目車縫線、
　製作細褶，重疊袖口
　用斜布條車縫。
袖子
（背面）
1
袖口用
斜布條
（背面）

⑥
包
捲
縫
份
車
縫
0.1　袖子
（正面）

F.鬆身長褲

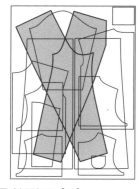

PHOTO➤ P.8

完成尺寸
褲長　92／93.5／97.5／99cm

材料
水洗加工亞麻布（灰色）寬110cm×230／230／240／240cm
黏著襯2×50cm
寬2.5cm鬆緊帶75cm（配合腰圍調解尺寸）

原寸紙型6面【F】
1-前褲管、2-後褲管

原寸紙型1面
褲子共通口袋

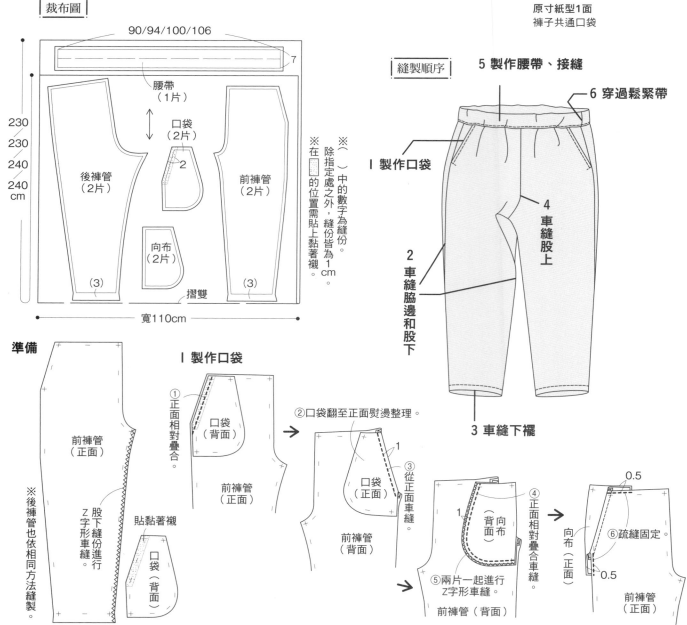

裁布圖

90/94/100/106

腰帶（1片）

口袋（2片）

後褲管（2片）

前褲管（2片）

向布（2片）

摺雙

寬110cm

230
230
240
240
cm

7

2

(3)　(3)

※（ ）中的數字為縫份。

※除指定處之外，縫份皆為1cm。

※在▨的位置需貼上黏著襯。

縫製順序

5 製作腰帶、接縫

6 穿過鬆緊帶

I 製作口袋

4 車縫股上

2 車縫脇邊和股下

3 車縫下襬

準備

前褲管（正面）

股下縫份進行Z字形車縫。

貼黏著襯

口袋（背面）

※後褲管也依相同方法縫製。

I 製作口袋

①正面相對疊合。

口袋（背面）

前褲管（正面）

②口袋翻至正面熨燙整理。

口袋（正面）

③從正面車縫。

前褲管（背面）

④正面相對疊合車縫。

1

向布（背面）

⑤兩片一起進行Z字形車縫。

前褲管（背面）

0.5

向布（正面）

⑥疏縫固定。

0.5

前褲管（正面）

48

2 車縫脇邊和股下

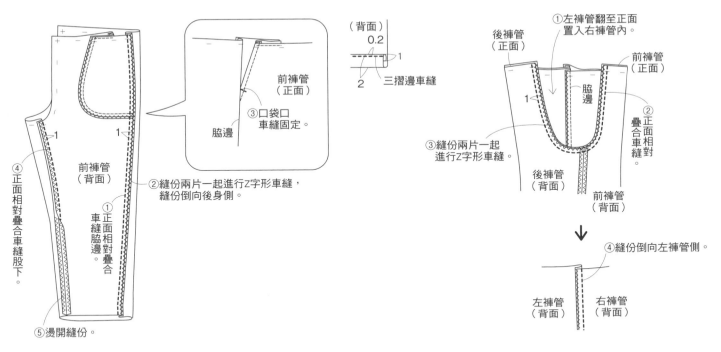

前褲管
（正面）

③口袋口
車縫固定。

脇邊

前褲管
（背面）

②縫份兩片一起進行Z字形車縫，
縫份倒向後身側。

①正面相對疊合車縫脇邊。

④正面相對疊合車縫股下。

⑤燙開縫份。

3 車縫下襬

（背面）

0.2

1

2

三摺邊車縫

4 車縫股上

①左褲管翻至正面
置入右褲管內。

後褲管
（正面）

前褲管
（正面）

1

脇邊

②正面相對疊合車縫。

③縫份兩片一起
進行Z字形車縫。

後褲管
（背面）

前褲管
（背面）

④縫份倒向左褲管側。

左褲管
（背面）

右褲管
（背面）

5 製作腰帶、接縫

腰帶（背面）

3

1

鬆緊帶穿入口

①正面相對疊合車縫。

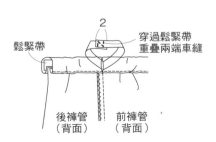

（背面）

②燙開縫份。

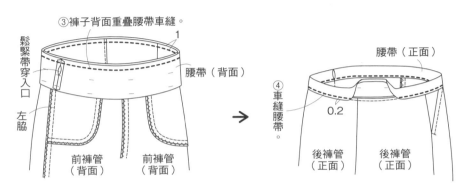

③褲子背面重疊腰帶車縫。

1

鬆緊帶穿入口

左脇

腰帶（背面）

前褲管
（背面）

前褲管
（背面）

腰帶（正面）

④車縫腰帶。

0.2

後褲管
（正面）

後褲管
（正面）

6 穿過鬆緊帶

2

鬆緊帶

穿過鬆緊帶
重疊兩端車縫

後褲管
（背面）

前褲管
（背面）

C.傘狀上衣

完成尺寸
胸圍　108／111／117／123cm　衣長　67／68／70／71cm

材料
40號亞麻先染格紋布（白色×深藍色）
寬135cm×160／160／170／170cm

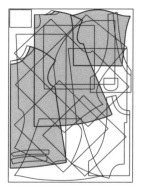

原寸紙型3面【C】
1-前身片、2-後身片、3-袖子

｜裁布圖｜

前身片
（1片）

袖子（左右對稱各1片）

（3）

（3）

（2）

160
160
170
170
cm

後身片
（1片）

領圍用
斜布條
（1片）

70

2.6

（2）

摺雙

寬135cm

※（ ）中的數字為縫份。
除指定處之外，縫份皆為1cm。

｜縫製順序｜

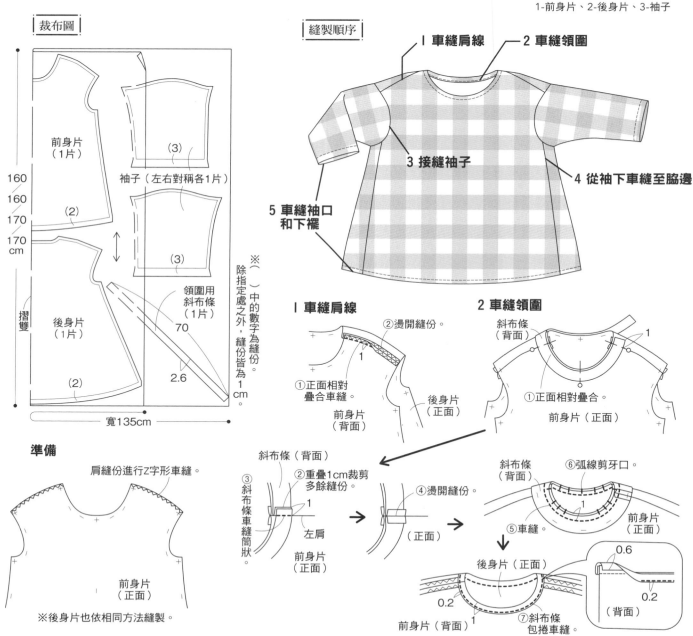

1 車縫肩線　　2 車縫領圍
3 接縫袖子
4 從袖下車縫至脅邊
5 車縫袖口和下襬

準備

肩縫份進行Z字形車縫。

前身片
（正面）

※後身片也依相同方法縫製。

1 車縫肩線

②燙開縫份。

①正面相對
疊合車縫。

1

前身片
（背面）

後身片
（正面）

斜布條（背面）

②重疊1cm裁剪
多餘縫份。

③斜布條車縫筒狀。

1

左肩

前身片
（正面）

④燙開縫份。

（正面）

2 車縫領圍

斜布條
（背面）

1

①正面相對疊合。

前身片（正面）

斜布條
（背面）

⑥弧線剪牙口。

①

②車縫。

前身片
（正面）

後身片（正面）

0.2

前身片（背面）

1

⑦斜布條
包捲車縫。

0.6

0.2

（背面）

50

3 接縫袖子

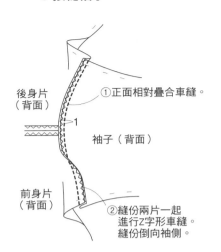

後身片（背面）

①正面相對疊合車縫。

袖子（背面）

前身片（背面）

1

②縫份兩片一起
進行Z字形車縫。
縫份倒向袖側。

4 從袖下車縫至脇邊

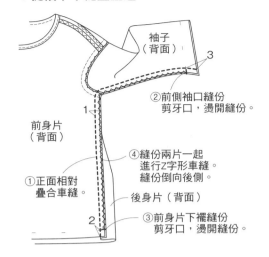

袖子（背面）

3

②前側袖口縫份
剪牙口，燙開縫份。

前身片（背面）

1

①正面相對
疊合車縫。

④縫份兩片一起
進行Z字形車縫。
縫份倒向後側。

後身片（背面）

③前身片下襬縫份
剪牙口，燙開縫份。

2

5 車縫袖口和下襬

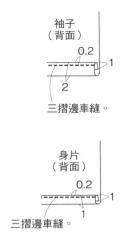

袖子（背面）

0.2

1

2

三摺邊車縫。

身片（背面）

0.2

1

1

三摺邊車縫。

H.拼接肩帶上衣

PHOTO▶ P.11

完成尺寸
胸圍　108／111／117／123cm　衣長　67／68／70／71cm

材料
亞麻布（OW）寬108cm×220／230／230／240cm
素面亞麻15×25cm

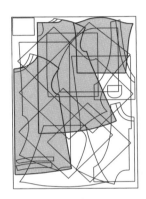

原寸紙型3面【H】
1-前身片、2-後身片、3-袖子

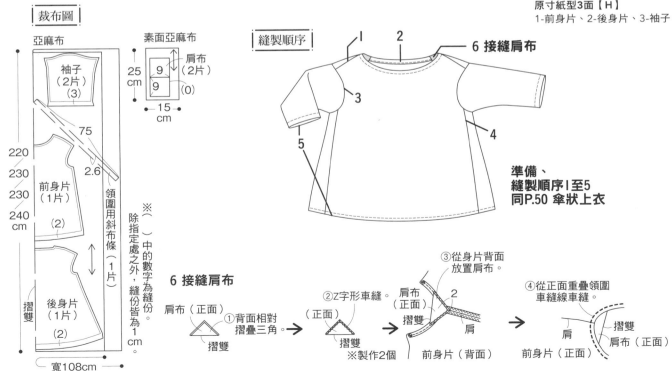

裁布圖

亞麻布

袖子（2片）（3）

75

2.6

220
230
230
240
cm

前身片（1片）（2）

領圍用斜布條（1片）

後身片（1片）（2）

摺雙

寬108cm

素面亞麻布

肩布（2片）

25 cm

9
9
（0）

15 cm

※（　）中的數字為縫份。除指定處之外，縫份皆為1cm。

縫製順序

1
2

6 接縫肩布

3

4

5

準備、
縫製順序1至5
同P.50 傘狀上衣

6 接縫肩布

肩布（正面）

①背面相對
摺疊三角。

摺雙

②Z字形車縫。

（正面）

摺雙

※製作2個

③從身片背面
放置肩布。

肩布（正面）

2

摺雙

肩

前身片（背面）

④從正面重疊領圍
車縫線車縫。

肩

摺雙

肩布（正面）

前身片（正面）

J.船型領上衣

PHOTO> P.14

完成尺寸
胸圍　108／111／117／123㎝　衣長　67／68／70／71㎝

材料
棉麻印花布（蘋果×綠色）寬108cm×220／220／230／240cm
黏著襯15×15cm
直徑1.3㎝釦子1個

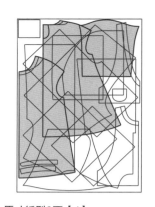

原寸紙型3面【J】
1-前身片、2-後身片、3-袖子、
4-後貼邊

|裁布圖|

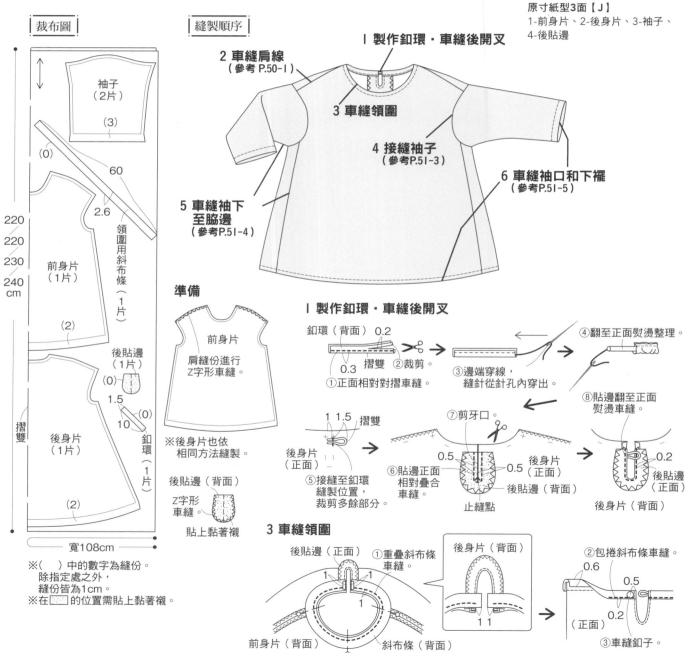

袖子
（2片）
（3）
（0）
60
2.6
領圍用斜布條
（1片）

220
220
230
240
cm

前身片
（1片）
（2）

後貼邊
（1片）
（0）
1.5
10
（0）
釦環
（1片）

摺雙

後身片
（1片）
（2）

寬108cm

※（ ）中的數字為縫份。
除指定處之外，
縫份皆為1cm。
※在 ▨ 的位置需貼上黏著襯。

|縫製順序|

I 製作釦環・車縫後開叉

2 車縫肩線
（參考P.50-I）

3 車縫領圍

4 接縫袖子
（參考P.51-3）

6 車縫袖口和下襬
（參考P.51-5）

5 車縫袖下至脇邊
（參考P.51-4）

準備

前身片

肩縫份進行
Z字形車縫。

※後身片也依
相同方法縫製。

後貼邊（背面）

Z字形
車縫

貼上黏著襯

I 製作釦環・車縫後開叉

釦環（背面） 0.2
摺雙
0.3
①正面相對對摺車縫。
②裁剪
③邊端穿線，
縫針從針孔內穿出。
④翻至正面熨燙整理。

1 1.5 摺雙
後身片（正面）
⑤接縫至釦環
縫製位置，
裁剪多餘部分。

⑦剪牙口
0.5
⑥貼邊正面
相對疊合
車縫。
0.5
後身片（正面）
後貼邊（背面）
止縫點

⑧貼邊翻至正面
熨燙車縫。
0.2
後貼邊（正面）
後身片（背面）

3 車縫領圍

後貼邊（正面）
①重疊斜布條
車縫
1　1
1
前身片（背面）
斜布條（背面）

後身片（背面）
1　1

②包捲斜布條車縫。
0.6
0.5
（正面）
0.2
③車縫釦子。

D.V領上衣

PHOTO> P.7

完成尺寸
胸圍　93／96／102／108cm　衣長　53／54／56／57cm

材料
typewriter（LBL）寬110cm×210／210／220／220cm
黏著襯30×70cm

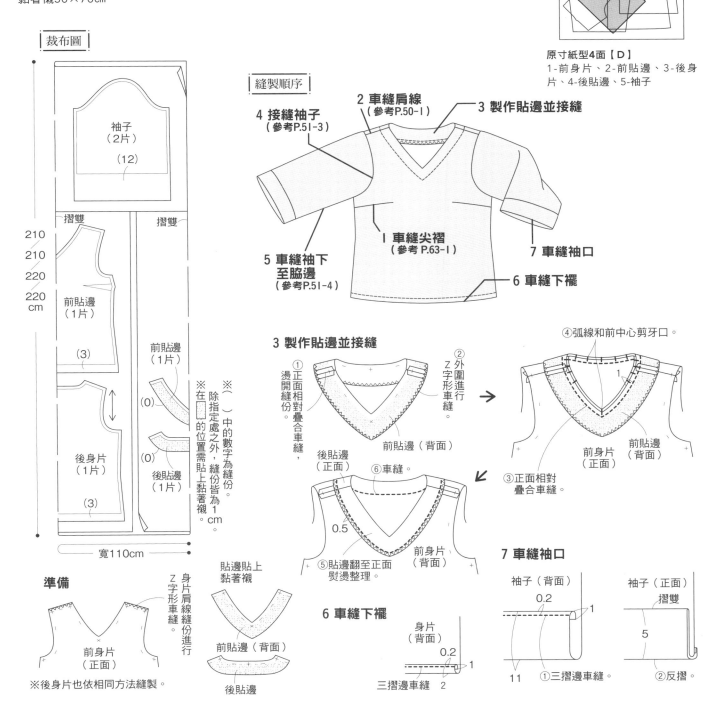

原寸紙型4面【D】
1-前身片、2-前貼邊、3-後身
片、4-後貼邊、5-袖子

裁布圖

袖子
（2片）
(12)

摺雙　　摺雙

210
210
220
220
cm

前貼邊
（1片）

(3)

前貼邊
（1片）

(0)

後貼邊
（1片）

(0)

後身片
（1片）

(3)

寬110cm

※（　）中的數字為縫份。

※除指定處之外，縫份皆為為1cm。

※在□的位置需貼上黏著襯。

縫製順序

4 接縫袖子
（參考P.51-3）

2 車縫肩線
（參考P.50-1）

3 製作貼邊並接縫

1 車縫尖褶
（參考P.63-1）

5 車縫袖下
至脇邊
（參考P.51-4）

7 車縫袖口

6 車縫下襬

準備

前身片
（正面）

※後身片也依相同方法縫製。

身片肩線縫縫份進行Z字形車縫。

貼邊貼上黏著襯

前貼邊（背面）

後貼邊

3 製作貼邊並接縫

① 正面相對疊合車縫，燙開縫份。

② 外圍進行Z字形車縫。

前貼邊（背面）

後貼邊
（正面）

⑥ 車縫。

0.5

⑤ 貼邊翻至正面熨燙整理。

前身片
（背面）

④ 弧線和前中心剪牙口。

前身片
（正面）

前貼邊
（背面）

③ 正面相對疊合車縫。

6 車縫下襬

身片
（背面）

0.2

1

三摺邊車縫　2

7 車縫袖口

袖子（背面）

0.2

1

11

① 三摺邊車縫。

袖子（正面）

摺雙

5

② 反摺。

53

K.荷葉立領上衣

PHOTO ▶ P.15

完成尺寸
胸圍　104／107／113／119cm　衣長　51.5／53／55／56cm

材料
棉沙典布（初雪時、灰色）寬113cm×190／200／200／200cm
黏著襯60×30cm
直徑1cm釦子3個

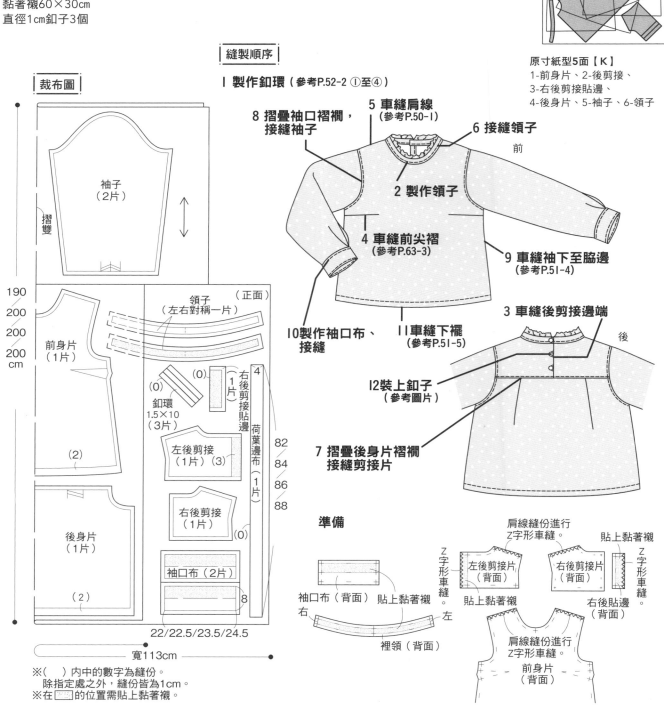

原寸紙型**5**面【**K**】
1-前身片、2-後剪接、
3-右後剪接貼邊、
4-後身片、5-袖子、6-領子

|縫製順序|

I 製作釦環（參考P.52-2 ①至④）

8 摺疊袖口褶襉，
接縫袖子

5 車縫肩線
（參考P.50-I）

6 接縫領子

2 製作領子

前

4 車縫前尖褶
（參考P.63-3）

9 車縫袖下至脇邊
（參考P.5I-4）

3 車縫後剪接邊端

後

I0 製作袖口布、
接縫

II 車縫下襬
（參考P.5I-5）

I2 裝上釦子
（參考圖片）

7 摺疊後身片褶襉
接縫剪接片

|裁布圖|

袖子
（2片）

摺雙

190
200
200
200
cm

前身片
（1片）

領子
（左右對稱一片）
（正面）

（0）

（0）

右後剪接貼邊
（1片）
4

釦環
1.5×10
（3片）

荷葉邊布
（1片）

82
84
86
88

（2）

左後剪接
（1片）（3）

右後剪接
（1片）

（0）

後身片
（1片）

袖口布（2片）

（2）

8

22/22.5/23.5/24.5

寬113cm

※（　）內中的數字為縫份。
　除指定處之外，縫份皆為1cm。
※在▨▨的位置需貼上黏著襯。

準備

肩線縫份進行
Z字形車縫。

貼上黏著襯

Z字形車縫

左後剪接片
（背面）

右後剪接片
（背面）

Z字形車縫

袖口布（背面）　貼上黏著襯

右　　　左

裡領（背面）

貼上黏著襯

右後貼邊
（背面）

肩線縫份進行
Z字形車縫。

前身片
（背面）

2 製作領子

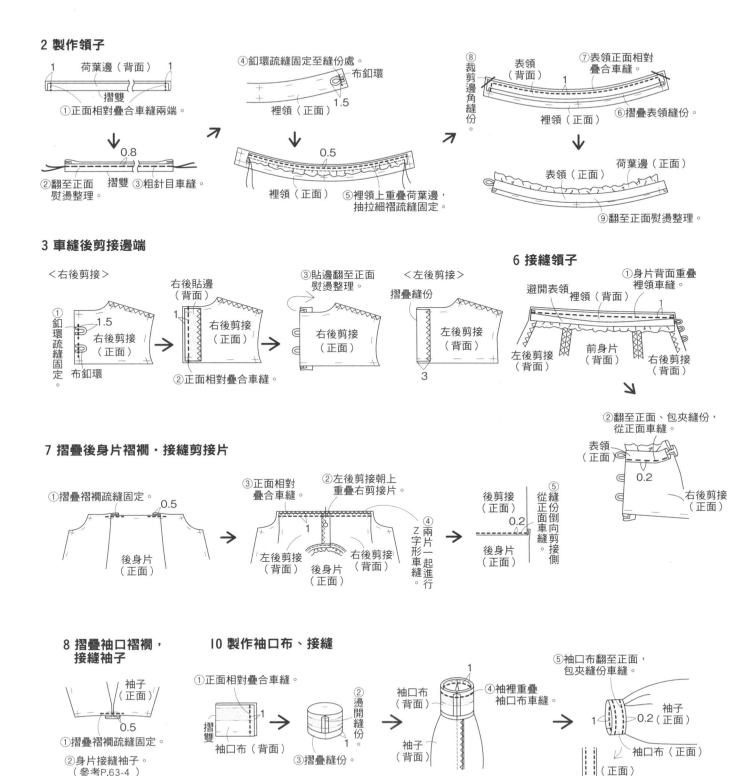

荷葉邊（背面）
1　　　　1
摺雙
①正面相對疊合車縫兩端。

0.8
摺雙　③粗針目車縫。
②翻至正面
熨燙整理。

④鈕環疏縫固定至縫份處。
布鈕環
1.5
裡領（正面）

0.5
裡領（正面）　⑤裡領上重疊荷葉邊，
抽拉細褶疏縫固定。

⑧裁剪邊角縫份。
表領（背面）　⑦表領正面相對
疊合車縫。
1
裡領（正面）　⑥摺疊表領縫份。

表領（正面）　荷葉邊（正面）
⑨翻至正面熨燙整理。

3 車縫後剪接邊端

＜右後剪接＞
①鈕環疏縫固定。
1.5
右後剪接（正面）
布鈕環

右後貼邊（背面）
1
右後剪接（正面）
②正面相對疊合車縫。

③貼邊翻至正面
熨燙整理。
右後剪接（正面）

＜左後剪接＞
摺疊縫份
左後剪接（背面）
3

6 接縫領子

①身片背面重疊裡領車縫。
避開表領　裡領（背面）
1
左後剪接（背面）　前身片（背面）　右後剪接（背面）

②翻至正面、包夾縫份，從正面車縫。
表領（正面）
0.2
右後剪接（正面）

7 摺疊後身片褶襇・接縫剪接片

①摺疊褶襇疏縫固定。
0.5
後身片（正面）

③正面相對疊合車縫。
②左後剪接朝上重疊右剪接片。
1
左後剪接（背面）　後身片（正面）　右後剪接（背面）
④兩片一起進行Z字形車縫。

後剪接（正面）
0.2
後身片（正面）
⑤縫份倒向剪接側，從正面車縫。

8 摺疊袖口褶襇，接縫袖子

袖子（正面）
0.5
①摺疊褶襇疏縫固定。
②身片接縫袖子。
（參考P.63-4）

10 製作袖口布、接縫

①正面相對疊合車縫。
摺雙　1
袖口布（背面）

②燙開縫份。
1
③摺疊縫份。

袖口布（背面）
④袖裡重疊袖口布車縫。
袖子（背面）

⑤袖口布翻至正面，包夾縫份車縫。
1　0.2（正面）
袖口布（正面）
袖子（正面）
（正面）

L.條紋上衣

PHOTO▸P.16

完成尺寸
胸圍　122.5／126／132／138cm　衣長　58／59／60.5／61.5cm

材料
條紋布16／28D（黑×白）寬175cm×120／130／130／140cm
1cm寬棉織帶40cm

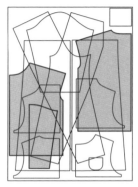

原寸紙型6面【L】
1-前身片、2-後身片、3-袖子

| 裁布圖 |

摺雙
袖子
（2片）
120
130
（3）　　　　　　（3）　摺雙
130
配合條紋圖案
平行放置
紙型
140
cm
（1.5）　　　　　　（1.5）

前身片
（1片）

後身片
（1片）

（2）　　　　　　（2）

寬175cm

※（　）中的數字為縫份。
　除指定處之外，縫份皆為1cm。

| 縫製順序 |

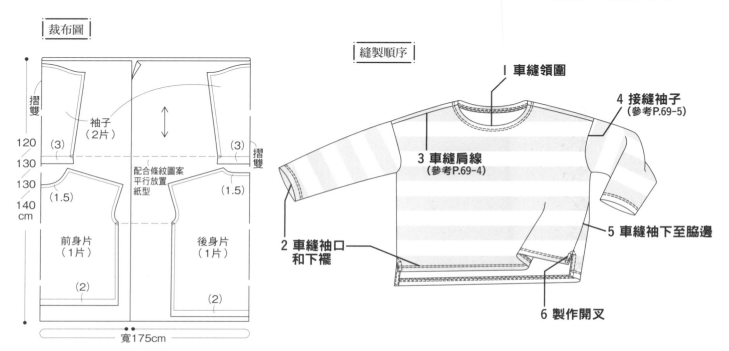

I 車縫領圍

4 接縫袖子
（參考P.69-5）

3 車縫肩線
（參考P.69-4）

2 車縫袖口
和下襬

5 車縫袖下至脇邊

6 製作開叉

準備

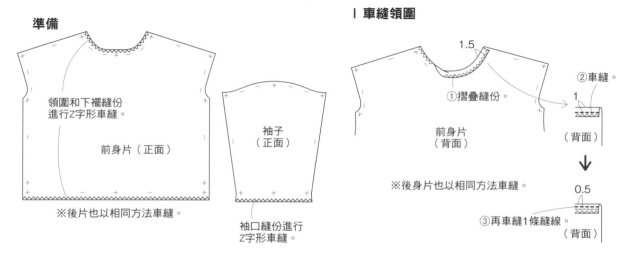

領圍和下襬縫份
進行Z字形車縫。

前身片（正面）

※後片也以相同方法車縫。

袖子
（正面）

袖口縫份進行
Z字形車縫。

I 車縫領圍

1.5

①摺疊縫份。

前身片
（背面）

②車縫。

1

（背面）

※後身片也以相同方法車縫。

0.5

③再車縫1條縫線。

（背面）

56

2 車縫袖口和下襬

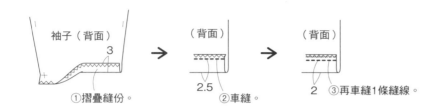

袖子（背面）

3

①摺疊縫份。

→

（背面）

2.5　②車縫。

→

（背面）

2　③再車縫1條縫線。

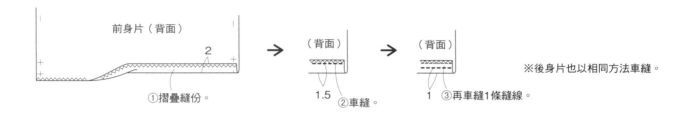

前身片（背面）

2

①摺疊縫份。

→

（背面）

1.5　②車縫。

→

（背面）

1　③再車縫1條縫線。

※後身片也以相同方法車縫。

5 車縫袖下至脇邊

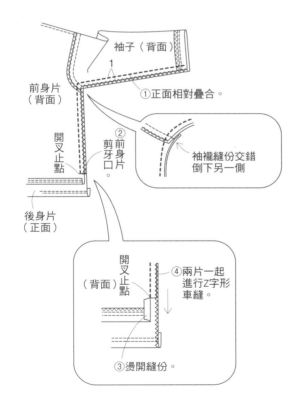

袖子（背面）

1

①正面相對疊合。

前身片（背面）

②剪前身片牙口。

袖襱縫份交錯倒下另一側

開叉止點

後身片（正面）

開叉止點（背面）

④兩片一起進行Z字形車縫。

③燙開縫份。

6 製作開叉

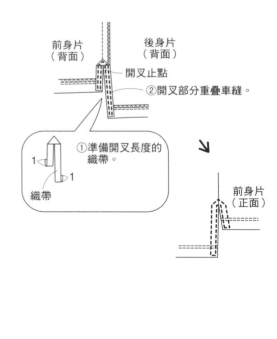

前身片（背面）

後身片（背面）

開叉止點

②開叉部分重疊車縫。

①準備開叉長度的織帶。

1

1

織帶

前身片（正面）

M.箱型褶襉寬褲

PHOTO▶ P.16

完成尺寸
褲長　88／89／93／94cm

材料
棉布HOLIDAY寬110cm×230／230／240／240cm
黏著襯2×50cm
寬2.5cm鬆緊帶75cm（配合腰圍調節尺寸）

原寸紙型5面【M】
1-前褲管、2-後褲管
原寸紙型1面
褲子共通口袋

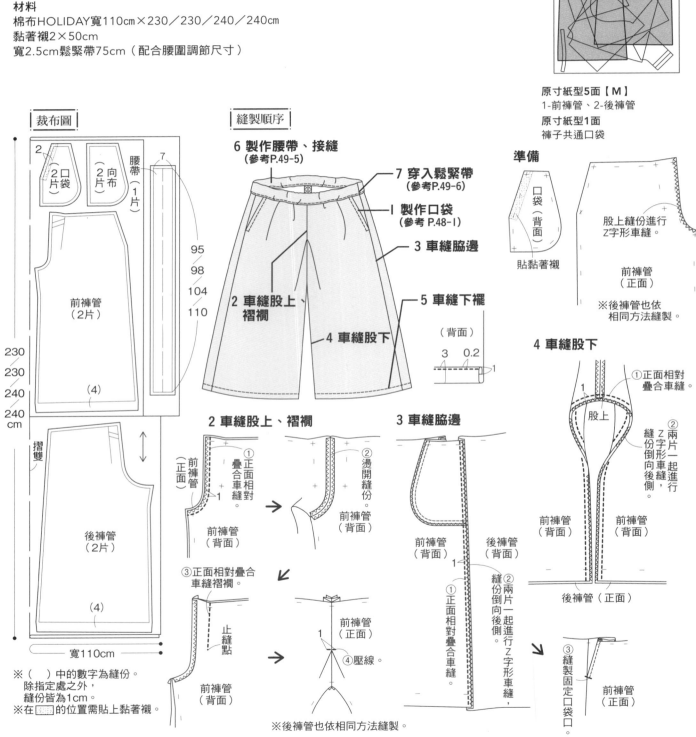

裁布圖

2口片袋
2向片布
腰帶（1片）
前褲管（2片）
（4）
後褲管（2片）
（4）
摺雙
寬110cm

95
98
104
110

230
230
240
240
cm

※（　）中的數字為縫份。
　除指定處之外，
　縫份皆為1cm。
※在■■的位置需貼上黏著襯。

縫製順序

6 製作腰帶、接縫
（參考P.49-5）

7 穿入鬆緊帶
（參考P.49-6）

I 製作口袋
（參考 P.48-1）

3 車縫脇邊

2 車縫股上、褶襉

4 車縫股下

5 車縫下襬

（背面）
3　0.2
1

準備

口袋（背面）
貼黏著襯

股上縫份進行Z字形車縫。
前褲管（正面）
※後褲管也依相同方法縫製。

4 車縫股下
①正面相對疊合車縫。
②兩片一起進行Z字形車縫，縫份倒向後側。
股上
1
前褲管（背面）　前褲管（背面）
後褲管（正面）

2 車縫股上、褶襉
前褲管（正面）
①正面相對疊合車縫。
1
前褲管（背面）

②燙開縫份。
前褲管（背面）

③正面相對疊合車縫褶襉。
止縫點
前褲管（背面）

前褲管（正面）
1
④壓線。

3 車縫脇邊
前褲管（背面）　後褲管（背面）
1
①正面相對疊合車縫。
②兩片一起進行Z字形車縫，縫份倒向後側。

③縫製固定口袋口。
前褲管（正面）

※後褲管也依相同方法縫製。

B.蝴蝶結腰帶寬褲

PHOTO▶ P.4

完成尺寸
褲長　101／101／106.5／107.5cm

材料
棉布寬110cm×270／280／280／290cm
黏著襯2×50cm
寬2.5cm鬆緊帶75cm（配合腰圍調節尺寸）

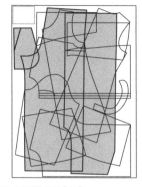

原寸紙型1面【B】
1-前褲管、2-後褲管
褲子共同使用口袋

裁布圖

91/94/100/106

8

4
30

腰帶（1片）

2

（2片）向布

（2片）口袋

270
280
280
290
cm

腰帶環（1片）

前褲管（2片）

後褲管（2片）

蝴蝶結（1片）

90

（4）　摺雙　（4）

12

寬110cm

※（　）中的數字為縫份。

※除指定處之外，縫份皆為1cm。

※在▨的位置需貼上黏著襯。

縫製順序

準備
參考P. 48

5 摺疊褶襉（參考P.72-5 ①）
製作腰帶和腰帶環・接縫

6 穿過鬆緊帶
（參考P.49-6）

I 製作口袋
（參考P.48-I）

4 車縫股上
（參考P.49-4）

7 製作蝴蝶結

3 車縫下襬
（參考P.58-5）

2 車縫脇邊和股下
（參考P.49-2）

---

5 製作腰帶和腰帶環・接縫

腰帶（背面）　　3鬆緊帶穿入口

①正面相對疊合車縫。

（背面）

②燙開縫份。

腰帶環（正面）

①背面相對四摺邊車縫。

0.2

9
9
9

④裁剪三等份。

多餘部分

左脇也同樣包夾腰帶環

腰帶（正面）

⑤包夾腰帶環車縫腰帶。（參考P.49）

0.2　1　腰帶環

後褲管（正面）　右脇

⑥拉起腰帶環摺疊1cm。

後褲管（正面）

0.5

⑦車縫。

（正面）

7 製作蝴蝶結

②裁剪邊角多餘部分。

蝴蝶結（背面）

10cm返口

①正面相對疊合車縫。

摺雙

③翻至正面熨燙整理。

④縫合返口

邊角熨燙整理。

N.一片裙

完成尺寸
裙長　83cm

材料
表刷毛棉質先染格紋布（深藍）寬104cm×280cm
黏著襯6×80cm
直徑1.5cm暗釦1組

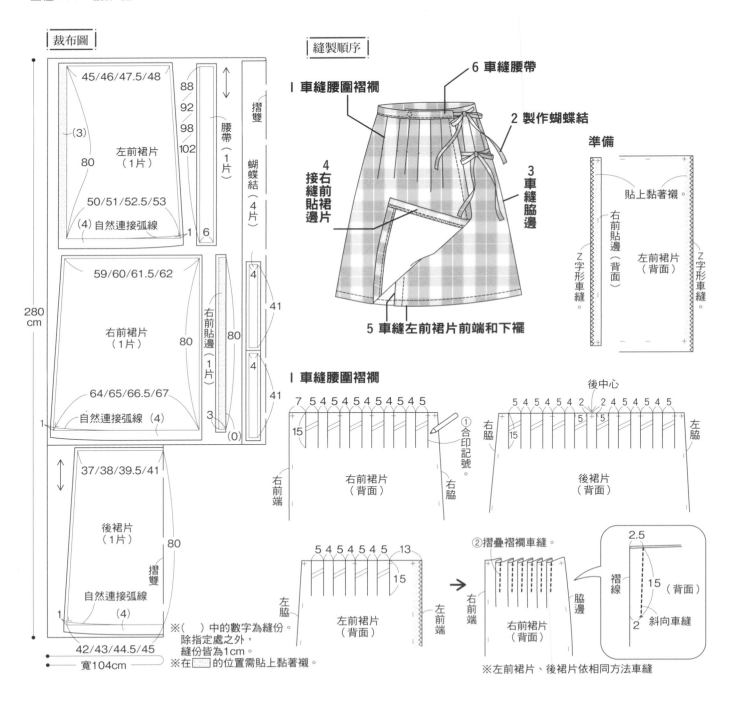

裁布圖

45/46/47.5/48
88
92
98
102
(3)
左前裙片（1片）
80
50/51/52.5/53
(4)自然連接弧線
1　6

腰帶（1片）
摺雙
蝴蝶結（4片）

59/60/61.5/62
右前裙片（1片）
80
右前貼邊（1片）
80
4
4
41
41
64/65/66.5/67
自然連接弧線（4）
1
3
(0)

280cm

37/38/39.5/41
後裙片（1片）
80
摺雙
自然連接弧線（4）
1

42/43/44.5/45
寬104cm

※（ ）中的數字為縫份。
　除指定處之外，
　縫份皆為1cm。
※在▨的位置需貼上黏著襯。

縫製順序

6 車縫腰帶
1 車縫腰圍褶襉
2 製作蝴蝶結
3 車縫脇邊
4 接縫右前裙片貼邊
5 車縫左前裙片前端和下襬

準備
貼上黏著襯。
右前貼邊（背面）
左前裙片（背面）
Z字形車縫。
Z字形車縫。

1 車縫腰圍褶襉

7 5 4 5 4 5 4 5 4 5
15
右前端
右前裙片（背面）
右脇
①合印記號。

後中心
5 4 5 4 5 4 5 4 5
5 5
15
右脇
後裙片（背面）
左脇

5 4 5 4 5 13
15
左脇
左前裙片（背面）
左前端

②摺疊褶襉車縫。
右前端
右前裙片（背面）
脇邊

2.5
褶線
15（背面）
2
斜向車縫

※左前裙片、後裙片依相同方法車縫

60

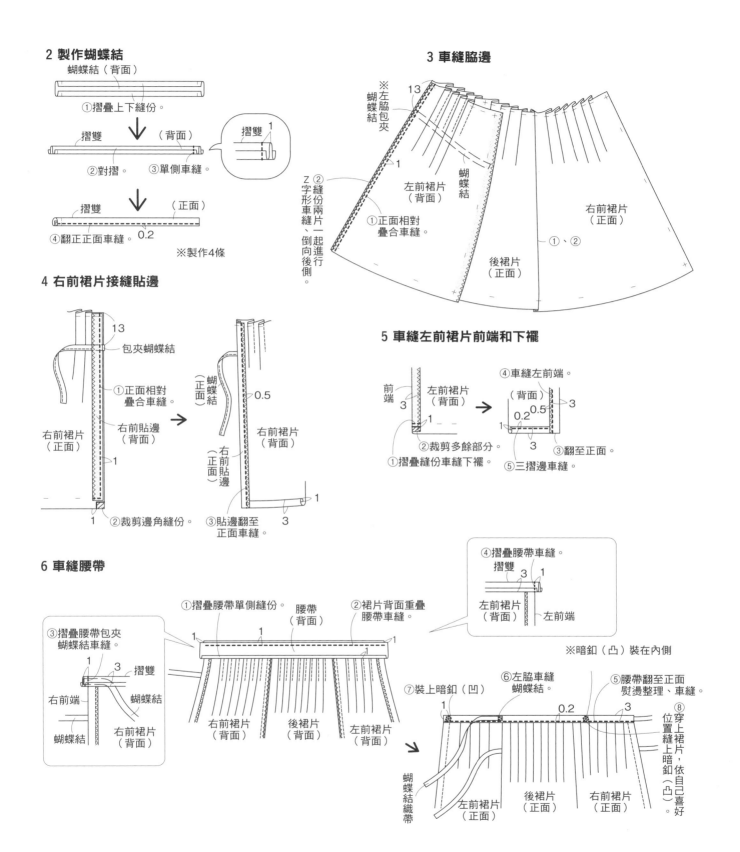

2 製作蝴蝶結

蝴蝶結（背面）

①摺疊上下縫份。

摺雙　（背面）

②對摺。　③單側車縫。

摺雙

摺雙　（正面）

④翻正正面車縫。　0.2

※製作4條

4 右前裙片接縫貼邊

13

包夾蝴蝶結

①正面相對疊合車縫。

右前貼邊（背面）

右前裙片（正面）

1

1　②裁剪邊角縫份。

蝴蝶結（正面）

0.5

右前裙片（背面）

右前貼邊（正面）

③貼邊翻至正面車縫。

1

3

3 車縫脇邊

※左脇包夾蝴蝶結

13

②縫份兩片一起進行、倒向後側。

Z字形車縫

①正面相對疊合車縫。

1

左前裙片（背面）

蝴蝶結

右前裙片（正面）

後裙片（正面）

①、②

5 車縫左前裙片前端和下襬

④車縫左前端。

前端

左前裙片（背面）

3

1

①摺疊縫份車縫下襬。

②裁剪多餘部分。

（背面）

0.2　0.5　3

1

3　③翻至正面。

⑤三摺邊車縫。

6 車縫腰帶

①摺疊腰帶單側縫份。

腰帶（背面）

②裙片背面重疊腰帶車縫。

1　1　1

1

③摺疊腰帶包夾蝴蝶結車縫。

1　3　摺雙

右前端

蝴蝶結

蝴蝶結

右前裙片（背面）

右前裙片（背面）

後裙片（背面）

左前裙片（背面）

④摺疊腰帶車縫。

摺雙

3　1

左前裙片（背面）

左前端

※暗釦（凸）裝在內側

⑦裝上暗釦（凹）

1

⑥左脇車縫蝴蝶結。

⑤腰帶翻至正面熨燙整理、車縫。

0.2　3

蝴蝶結織帶

左前裙片（正面）

後裙片（正面）

右前裙片（正面）

⑧穿上裙片，依自己喜好位置縫上暗釦（凸）。

P.和風式立領連身裙

PHOTO▶P.22

完成尺寸
胸圍 88／92／98／104cm　衣長 120／121／122.5／123cm

材料
棉麻先染格紋布寬110cm×420／420／430／430cm
黏著襯20×110cm
直徑1.8cm釦子1個
直徑1.5cm暗釦1個

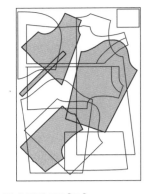

原寸紙型4面【P】
1-前身片、2-後身片、3-袖子、
4-領子

|裁布圖|

↑（正面）

★左前裙片
（1片）
（3）
（4）

領子（1片）

右前裙貼邊（1片）

3
80
（0）

★右前裙片
（1片）
（4）

420
420
430
430
cm

袖子
（2片）
（3）

摺雙

前身片
（2片）
（2）

腰帶
（2片）

後身片
（1片）

92
96
102
106

★後裙片
（1片）

3

（4）

★裙子尺寸
參考P.60一片裙

※（　）中的數字為縫份。
　除指定處之外，
　縫份皆為1cm。
※在 ▨ 的位置需貼上黏著襯。

← 寬110cm →

|縫製順序|

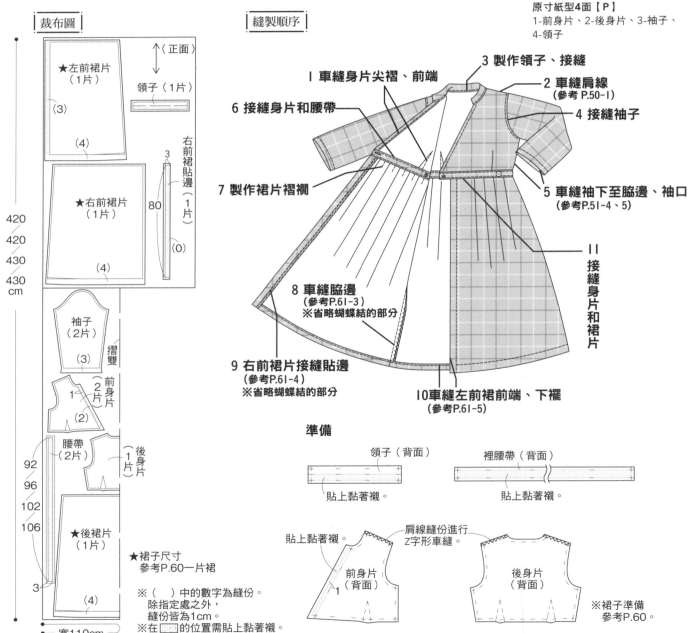

1 車縫身片尖褶、前端
3 製作領子、接縫
2 車縫肩線
（參考P.50-1）
6 接縫身片和腰帶
4 接縫袖子
7 製作裙片褶襉
5 車縫袖下至脇邊、袖口
（參考P.51-4、5）
11 接縫身片和裙片
8 車縫脇邊
（參考P.61-3）
※省略蝴蝶結的部分
9 右前裙片接縫貼邊
（參考P.61-4）
※省略蝴蝶結的部分
10 車縫左前裙前端、下襬
（參考P.61-5）

準備

領子（背面）
貼上黏著襯。

裡腰帶（背面）
貼上黏著襯。

貼上黏著襯。
前身片
（背面）
1

肩線縫份進行
Z字形車縫
後身片
（背面）

※裙子準備
參考P.60。

62

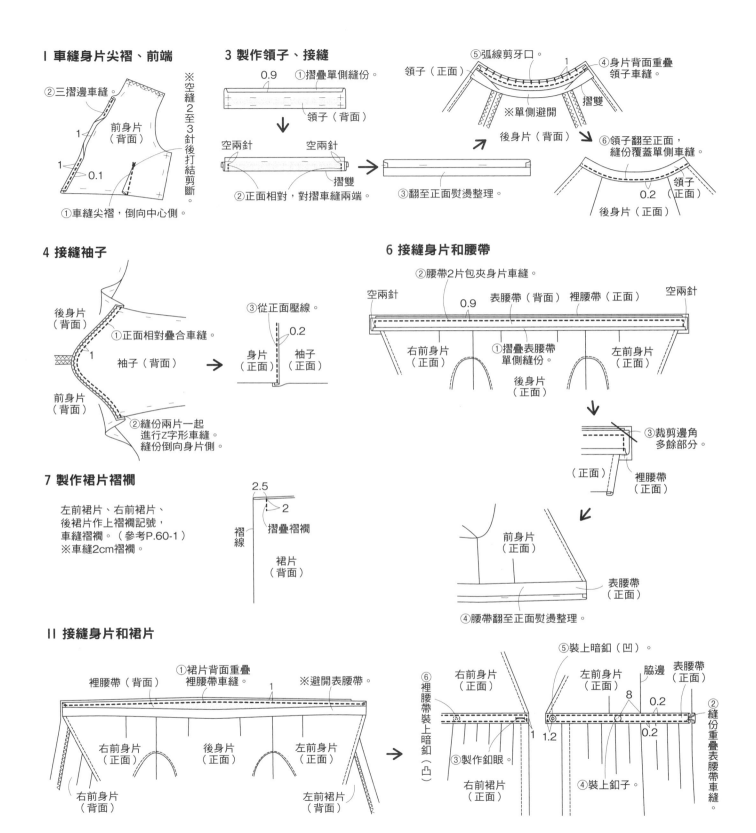

1 車縫身片尖褶、前端

②三摺邊車縫
前身片（背面）
1
1
0.1
①車縫尖褶，倒向中心側。
※空縫2至3針後打結剪斷。

3 製作領子、接縫

0.9
①摺疊單側縫份。
領子（背面）

空兩針　空兩針
②正面相對，對摺車縫兩端。
摺雙

③翻至正面熨燙整理。

⑤弧線剪牙口。
領子（正面）
④身片背面重疊領子車縫。
摺雙
※單側避開
後身片（背面）
⑥領子翻至正面，縫份覆蓋單側車縫。
0.2
領子（正面）
後身片（正面）

4 接縫袖子

後身片（背面）
①正面相對疊合車縫。
1
袖子（背面）
前身片（背面）
②縫份兩片一起進行Z字形車縫。縫份倒向身片側。

③從正面壓線。
0.2
身片（正面）
袖子（正面）

7 製作裙片褶襉

左前裙片、右前裙片、後裙片作上褶襉記號，車縫褶襉。（參考P.60-1）
※車縫2cm褶襉。

2.5
褶線
2
摺疊褶襉
裙片（背面）

6 接縫身片和腰帶

②腰帶2片包夾身片車縫。
空兩針
0.9
表腰帶（背面）　裡腰帶（正面）
空兩針
右前身片（正面）
①摺疊表腰帶單側縫份。
左前身片（正面）
後身片（正面）

③裁剪邊角多餘部分。
（正面）
裡腰帶（正面）

前身片（正面）
表腰帶（正面）
④腰帶翻至正面熨燙整理。

11 接縫身片和裙片

裡腰帶（背面）
①裙片背面重疊裡腰帶車縫。
1
※避開表腰帶。
右前身片（正面）　後身片（正面）　左前身片（正面）
右前身片（背面）
右前裙片（正面）
左前裙片（背面）

⑤裝上暗釦（凹）。
⑥裡腰帶裝上暗釦（凸）
右前身片（正面）
③製作釦眼。
右前裙片（正面）
1
1.2
左前身片（正面）
脇邊
表腰帶（正面）
8
0.2
0.2
④裝上釦子。
②縫份重疊表腰帶車縫。

Q.西裝領連身裙

PHOTO▶ P.24

完成尺寸
胸圍　107／109／115／121cm　衣長　112／115／121／122cm

材料
先染亞麻條紋布（BLG031）寬110cm×310／320／330／330cm
黏著襯50×60cm
直徑1.1cm 釦子4個

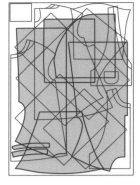

原寸紙型3面【Q】
1-前身片、2-後身片、3-袖子、
4-領台、5-領子
※前後身片連接上下紙型製作
原寸紙型2面
連身裙共通口袋

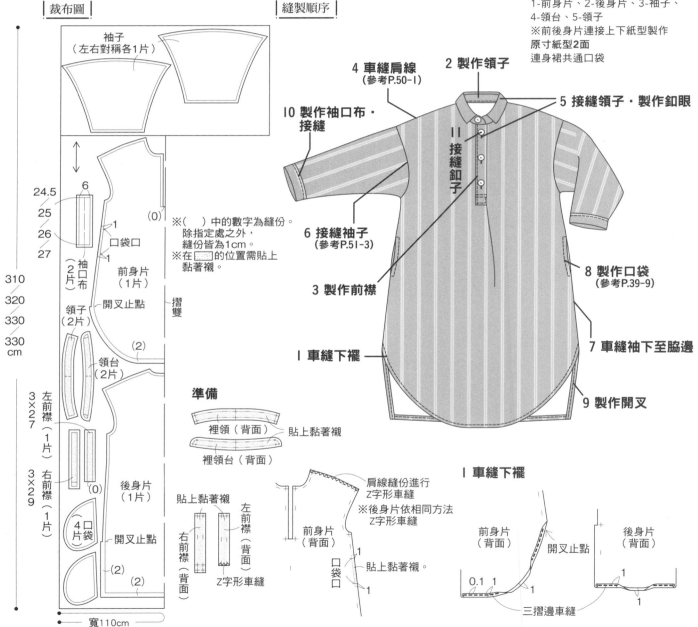

|裁布圖|　　　　　　　　　|縫製順序|

袖子
（左右對稱各1片）

24.5
25
26
27

6

(0)

1
口袋口
1
袖口布
（2片）

前身片
（1片）

310
320
330
330
cm

領子
（2片）

開叉止點

摺雙

(2)

領台
（2片）

3×27
7
左前襟
（1片）

3×29
右前襟
（1片）

4 口袋片

(0)

後身片
（1片）

開叉止點

(2)

(2)

寬110cm

※（ ）中的數字為縫份。
除指定處之外，
縫份皆為1cm。
※在 ▨ 的位置需貼上
黏著襯。

準備

裡領（背面）　貼上黏著襯
裡領台（背面）

貼上黏著襯
右前襟
（背面）
左前襟
（背面）
Z字形車縫

肩線縫份進行
Z字形車縫
※後身片依相同方法
Z字形車縫
前身片
（背面）
1
口袋口
貼上黏著襯。
1

4 車縫肩線
（參考P.50-1）

2 製作領子

10 製作袖口布·
接縫

5 接縫領子·製作釦眼

11 接縫釦子

6 接縫袖子
（參考P.51-3）

3 製作前襟

8 製作口袋
（參考P.39-9）

7 車縫袖下至脇邊

9 製作開叉

1 車縫下襬

1 車縫下襬

前身片
（背面）

開叉止點

後身片
（背面）

0.1　1

1

三摺邊車縫

1

1

64

2 製作領子

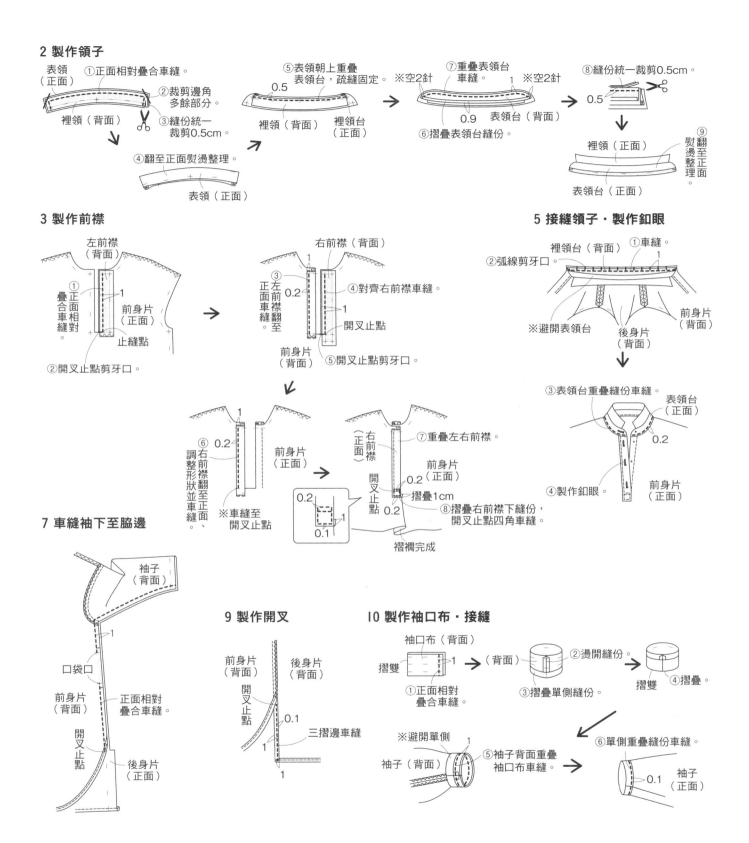

表領（正面）
①正面相對疊合車縫。
②裁剪邊角多餘部分。
③縫份統一裁剪0.5cm。
裡領（背面）
④翻至正面熨燙整理。
表領（正面）

⑤表領朝上重疊表領台，疏縫固定。
0.5
裡領（背面）
裡領台（正面）

※空2針
⑦重疊表領台車縫。
1
0.9
※空2針
⑥摺疊表領台縫份。
表領台（背面）

⑧縫份統一裁剪0.5cm。
0.5
裡領（正面）
⑨翻至正面熨燙整理。
表領台（正面）

3 製作前襟

左前襟（背面）
①疊合車縫正面相對。
1
②開叉止點剪牙口。
止縫點
前身片（正面）

右前襟（背面）
③正面左前襟翻至。
0.2
④對齊右前襟車縫。
1
開叉止點
前身片（背面）
⑤開叉止點剪牙口。

⑥右前襟翻至正面、調整形狀並車縫。
0.2
※車縫至開叉止點
前身片（正面）

右前襟（正面）
⑦重疊左右前襟。
開叉止點
0.2
摺疊1cm
0.2
前身片（正面）
⑧摺疊右前襟下縫份，開叉止點四角車縫。
0.2
0.1
1
褶襉完成

5 接縫領子・製作釦眼

裡領台（背面）
①車縫。
1
②弧線剪牙口。
※避開表領台
後身片（背面）
前身片（背面）

③表領台重疊縫份車縫。
表領台（正面）
0.2
④製作釦眼。
前身片（正面）

7 車縫袖下至脇邊

袖子（背面）
1
口袋口
前身片（背面）
正面相對疊合車縫。
開叉止點
後身片（正面）

9 製作開叉

前身片（背面）
開叉止點
後身片（背面）
0.1
三摺邊車縫
1
1

10 製作袖口布・接縫

袖口布（背面）
摺雙
1
①正面相對疊合車縫。
（背面）
②燙開縫份。
③摺疊單側縫份。
摺雙
④摺疊。

※避開單側
袖子（背面）
⑤袖子背面重疊袖口布車縫。
1
⑥單側重疊縫份車縫。
0.1
袖子（正面）

65

R.小圓領連身裙

PHOTO➤ P.25

完成尺寸
胸圍　95／98／104／110cm　衣長　101／104／110／111cm

材料
亞麻布（深藍）寬105cm×310／310／320／320cm
亞麻布（白）寬108cm×30cm
黏著襯50×30cm

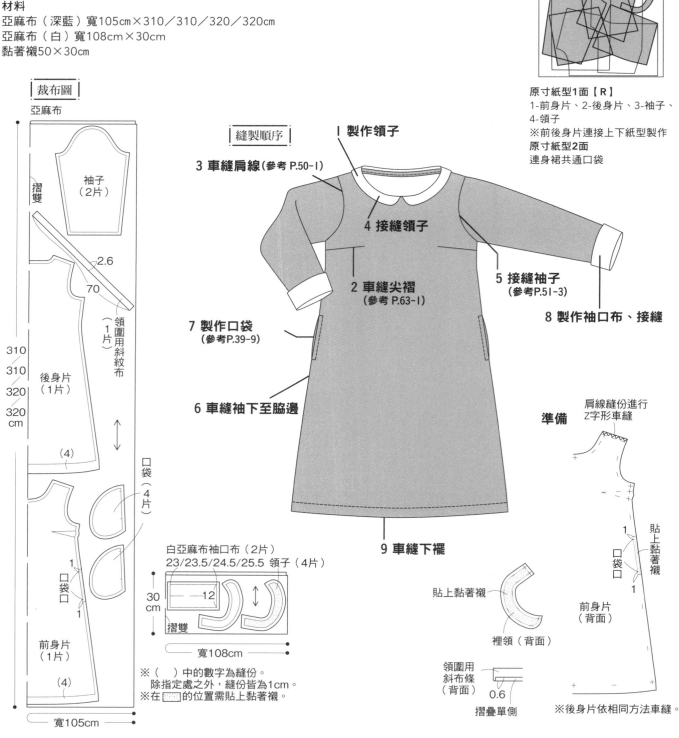

原寸紙型1面【R】
1-前身片、2-後身片、3-袖子、
4-領子
※前後身片連接上下紙型製作
原寸紙型2面
連身裙共通口袋

裁布圖

亞麻布

摺雙

袖子
（2片）

2.6

70

領圍用斜紋布
（1片）

310
310
320
320
cm

後身片
（1片）

（4）

口袋
（4片）

1

口袋口

口袋口

1

前身片
（1片）

（4）

寬105cm

白亞麻布袖口布（2片）
23／23.5／24.5／25.5　領子（4片）

30
cm

12

摺雙

寬108cm

※（ ）中的數字為縫份。
　除指定處之外，縫份皆為1cm。
※在 ▨ 的位置需貼上黏著襯。

縫製順序

1 製作領子

3 車縫肩線（參考 P.50-1）

4 接縫領子

2 車縫尖褶
（參考 P.63-1）

5 接縫袖子
（參考 P.51-3）

7 製作口袋
（參考 P.39-9）

8 製作袖口布、接縫

6 車縫袖下至脇邊

9 車縫下襬

準備

肩線縫份進行
Z字形車縫

1

口袋口

1

貼上黏著襯

前身片
（背面）

貼上黏著襯

裡領（背面）

領圍用
斜布條
（背面）

0.6

摺疊單側

※後身片依相同方法車縫。

66

I 製作領子

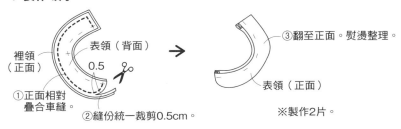

裡領（正面）
表領（背面）
0.5
①正面相對疊合車縫。
②縫份統一裁剪0.5cm。

③翻至正面。熨燙整理。
表領（正面）

※製作2片。

4 接縫領子

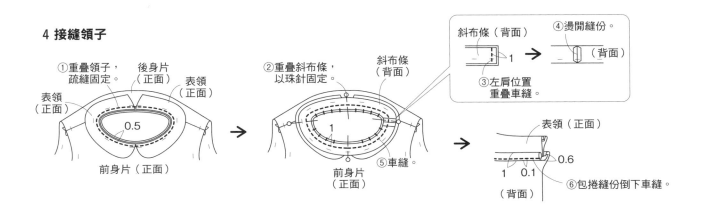

①重疊領子，疏縫固定。
後身片（正面）
表領（正面）
表領（正面）
0.5
前身片（正面）

②重疊斜布條，以珠針固定。
斜布條（背面）
1
前身片（正面）
⑤車縫。

斜布條（背面）
④燙開縫份。
（背面）
1
③左肩位置重疊車縫。

表領（正面）
0.6
1　0.1
（背面）
⑥包捲縫份倒下車縫。

6 車縫袖下至脇邊

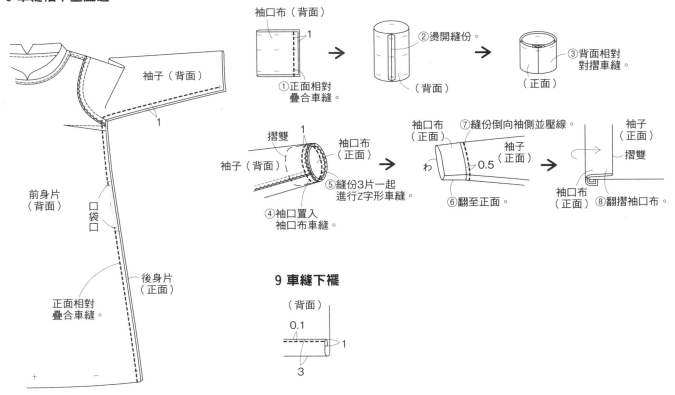

袖子（背面）
1
前身片（背面）
口袋口
後身片（正面）
正面相對疊合車縫。

8 製作袖口布、接縫

袖口布（背面）
1
①正面相對疊合車縫。

②燙開縫份。
（背面）

③背面相對對摺車縫。
（正面）

摺雙
1
袖子（背面）
袖口布（正面）
④袖口置入袖口布車縫。
⑤縫份3片一起進行Z字形車縫。

袖口布（正面）
⑦縫份倒向袖側並壓線。
袖子（正面）
わ
0.5
⑥翻至正面。

袖子（正面）
摺雙
袖口布（正面）
⑧翻摺袖口布。

9 車縫下襬

（背面）
0.1
1
3

S.長版針織連身裙

PHOTO▶ P.26、27

完成尺寸（共通）
胸圍　106／108／114／120cm　衣長　100／101／109／110cm

圓領款式

材料
16SBD天竺布（綠色）寬170cm×180／180／190／190cm
黏著襯2×10cm
寬1cm棉織帶10cm

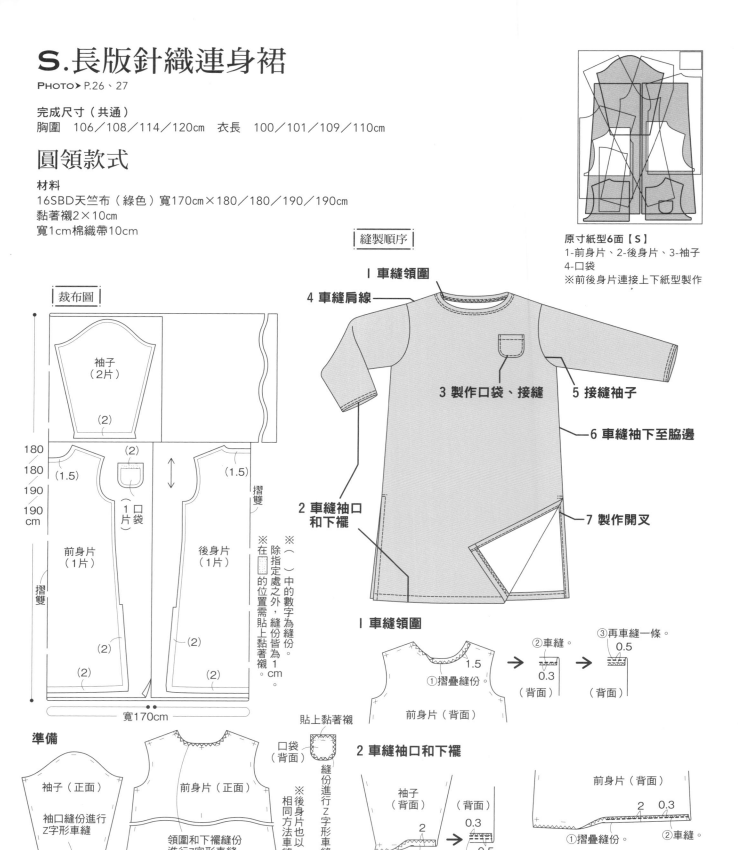

裁布圖

袖子
（2片）
（2）

（2）
180
180
190
190
cm
（1.5）

（2）
口袋
（1片）

（1.5）

摺雙

前身片
（1片）

後身片
（1片）

摺雙

（2）
（2）

（2）
（2）

寬170cm

※（　）中的數字為縫份。縫份皆為1cm。
※除指定處之外，縫份皆為1cm。
※在□的位置需貼上黏著襯。

準備

袖子（正面）
袖口縫份進行Z字形車縫

前身片（正面）
領圍和下襬縫份進行Z字形車縫

※後身片也以相同方法車縫。

口袋（背面）
縫份進行Z字形車縫

貼上黏著襯

縫製順序

原寸紙型6面【S】
1-前身片、2-後身片、3-袖子
4-口袋
※前後身片連接上下紙型製作

1 車縫領圍
4 車縫肩線
3 製作口袋、接縫
5 接縫袖子
6 車縫袖下至脇邊
2 車縫袖口和下襬
7 製作開叉

1 車縫領圍

前身片（背面）
①摺疊縫份。 1.5
②車縫。 0.3
③再車縫一條。 0.5
（背面）
（背面）

2 車縫袖口和下襬

袖子（背面）
①摺疊縫份。 2
②車縫雙線。
（背面） 0.3
0.5

前身片（背面）
①摺疊縫份。 2　0.3
②車縫。
※後身片也以相同方法車縫。

3 製作口袋、接縫

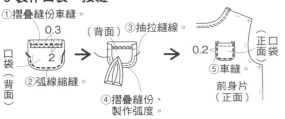

①摺疊縫份車縫。
0.3
口袋（背面）
2
②弧線縮縫。
③抽拉縫線。
（背面）
④摺疊縫份、製作弧度。
0.2
⑤車縫
正口袋面
前身片（正面）

4 車縫肩線

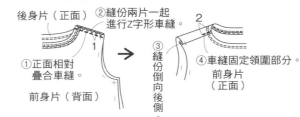

後身片（正面）
②縫份兩片一起進行Z字形車縫。
①正面相對疊合車縫。
1
前身片（背面）
③縫份倒向後側。
④車縫固定領圍部分。
2
前身片（正面）

5 接縫袖子

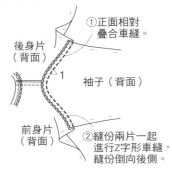

①正面相對疊合車縫。
後身片（背面）
袖子（背面）
1
前身片（背面）
②縫份兩片一起進行Z字形車縫，縫份倒向後側。

6 車縫袖下至脇邊

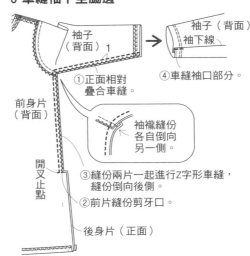

袖子（背面）
1
袖子（背面）
袖下線
①正面相對疊合車縫。
④車縫袖口部分。
前身片（背面）
袖襱縫份各自倒向另一側。
③縫份兩片一起進行Z字形車縫，縫份倒向後側。
②前片縫份剪牙口。
開叉止點
後身片（正面）

7 製作開叉

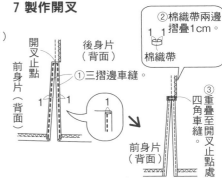

②棉織帶兩邊摺疊1cm。
1
棉織帶
開叉止點
後身片（背面）
前身片（背面）
①三摺邊車縫。
1
1
1
③重疊至開叉止點處
四角車縫
前身片（背面）

船型領款式

材料
條紋布（深藍色×灰色）
寬150cm×180／180／190／190cm
黏著襯2×10cm
寬1cm棉織帶10cm

裁布圖

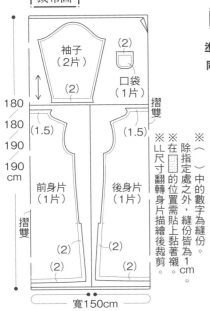

袖子（2片）
(2)
口袋（1片）
(2)
(2)
180
180
(1.5)
(1.5)
190
190
cm
前身片（1片）
後身片（1片）
摺雙
(2)
(2)
(2)
(2)
寬150cm

摺雙

※※※除指定處之外，縫份皆為1cm。
※（）中的數字為縫份。
※在□的位置需貼上黏著襯
※LL尺寸翻轉身片描繪後裁剪

縫製順序

準備
同P.68

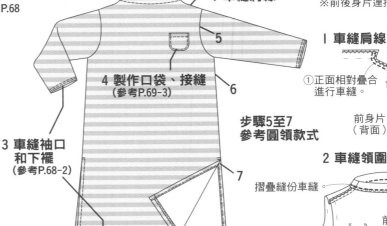

2 車縫領圍
1 車縫肩線
5
4 製作口袋、接縫（參考P.69-3）
6
3 車縫袖口和下襬（參考P.68-2）
7

原寸紙型6面【S】
1-前身片、2-後身片、3-袖子
4-口袋
※前後身片連接上下紙型製作

1 車縫肩線
②縫份兩片一起進行Z字形車縫。
①正面相對疊合進行車縫。
後身片（正面）
前身片（背面）

2 車縫領圍
摺疊縫份車縫。
1.5
0.3
前身片（背面）

U.連身裙

PHOTO▶ P.29

完成尺寸
胸圍　93／96／102／108cm　衣長　108／109.5／110.5／111.5cm

材料
亞麻布（綠色）寬150cm×230cm
黏著襯50×50cm

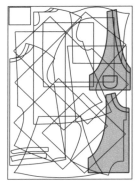

原寸紙型3面【U】
1-前身片、2-前貼邊、3-後身片、4-後貼邊、5-口袋

|裁布圖|

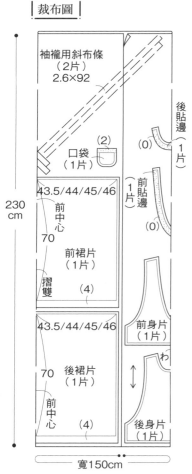

袖襱用斜布條
（2片）
2.6×92

口袋（1片）（2）

43.5/44/45/46

前中心

前裙片（1片）

70

摺雙　（4）

43.5/44/45/46

70

後裙片（1片）

前中心（4）

後貼邊（1片）（0）

前貼邊（1片）（0）

前身片（1片）

後身片（1片）わ

230cm

寬150cm

※（　）中的數字為縫份。
　除指定處之外，縫份皆為1cm。
※在▨▨的位置需貼上黏著襯。
※L和LL尺寸前後身片置於裙片上側。

|縫製順序|

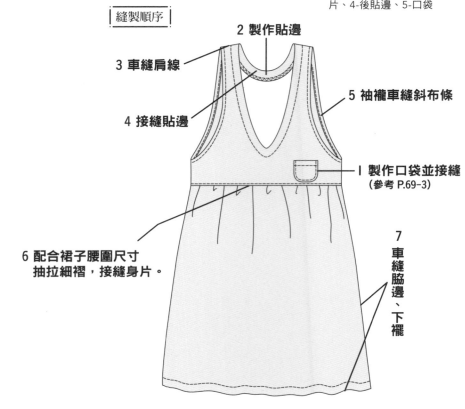

2 製作貼邊

3 車縫肩線

5 袖襱車縫斜布條

4 接縫貼邊

I 製作口袋並接縫
（參考 P.69-3）

6 配合裙子腰圍尺寸
抽拉細褶，接縫身片。

7 車縫脇邊、下襬

準備

貼上黏著襯
Z字形車縫
（背面）口袋

貼上黏著襯
前貼邊（背面）
後貼邊（背面）
※後貼邊也以相同方法車縫。

肩線縫份進行Z字形車縫
前身片（正面）
※後身片也以相同方法車縫。

2 製作貼邊

後貼邊（背面）
①正面相對疊合，車縫肩線、燙開縫份。
②外圍Z字形車縫
前貼邊（背面）

3 車縫肩線

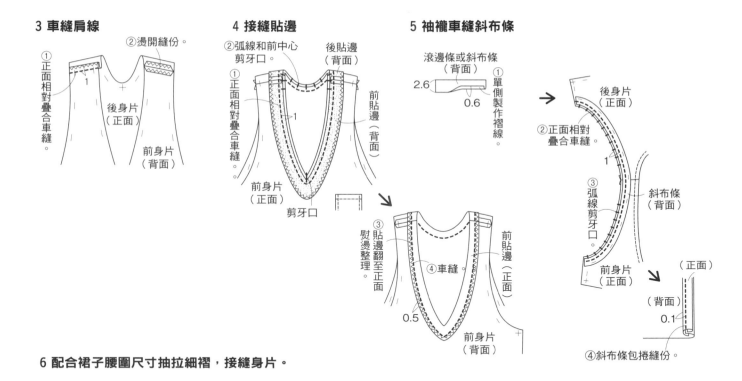

① 正面相對疊合車縫。
② 燙開縫份。
後身片（正面）
前身片（背面）

4 接縫貼邊

② 弧線和前中心剪牙口。
後貼邊（背面）
① 正面相對疊合車縫。
前貼邊（背面）
前身片（正面）
剪牙口

③ 貼邊翻至正面熨燙整理。
④ 車縫。
前貼邊（正面）
0.5
前身片（背面）

5 袖襱車縫斜布條

滾邊條或斜布條（背面）
① 單側製作褶線。
2.6　0.6

後身片（正面）
② 正面相對疊合車縫。
③ 弧線剪牙口。
斜布條（背面）
前身片（正面）

（正面）
（背面）
0.1
④ 斜布條包捲縫份。

6 配合裙子腰圍尺寸抽拉細褶，接縫身片。

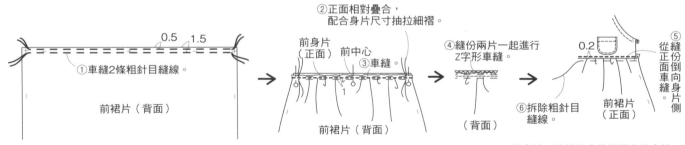

0.5　1.5
① 車縫2條粗針目縫線。
前裙片（背面）

② 正面相對疊合，配合身片尺寸抽拉細褶。
前身片（正面）　前中心
③ 車縫。
前裙片（背面）

④ 縫份兩片一起進行Z字形車縫。
（背面）

0.2
⑤ 從縫份正面倒向身片側車縫。
⑥ 拆除粗針目縫線。
前裙片（正面）

※後身片、後裙片也依相同方法車縫。

7 車縫脇邊、下襬

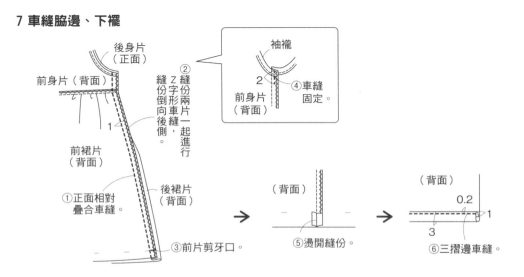

後身片（正面）
前身片（背面）
② 縫份兩片一起進行Z字形車縫，縫份倒向後側。
前裙片（背面）
① 正面相對疊合車縫。
後裙片（背面）
③ 前片剪牙口。

袖襱
2
④ 車縫固定。
前身片（背面）

（背面）
⑤ 燙開縫份。

（背面）
0.2
3　1
⑥ 三摺邊車縫。

T.居家連身褲

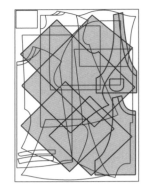

PHOTO➤ P.28

完成尺寸
胸圍　93／96／102／108cm　　衣長　136／139.5／144.5／147cm

材料
丹寧棉質布（灰色）寬145cm×230／240／240／250cm
黏著襯50×50cm

原寸紙型3面【T】
1-前身片、2-前貼邊、3-後身片、
4-後貼邊、5-口袋
6-前褲管、7-後褲管
※前褲管、後褲管連接上下紙型製作

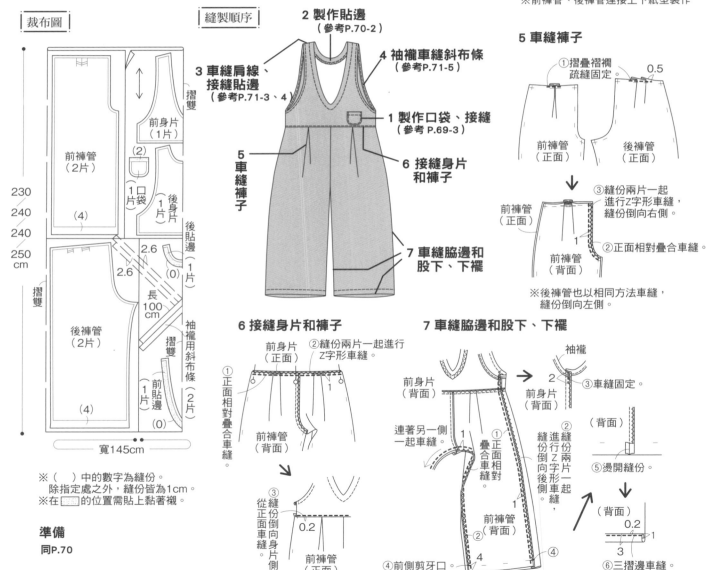

裁布圖

前身片（1片）
前褲管（2片）
（2）
（4）
1口袋片
後身片（1片）
後貼邊（1片）
2.6
2.6
（0）
後褲管（2片）
長100cm
袖襱用斜布條（2片）
（4）
前貼邊（1片）
（0）
摺雙

230／240／240／250cm
摺雙

寬145cm

※（　）中的數字為縫份。
　除指定處之外，縫份皆為1cm。
※在▨的位置需貼上黏著襯。

準備
同P.70

縫製順序

2 製作貼邊
（參考P.70-2）

3 車縫肩線、接縫貼邊
（參考P.71-3、4）

4 袖襱車縫斜布條
（參考P.71-5）

1 製作口袋、接縫
（參考P.69-3）

5 車縫褲子

6 接縫身片和褲子

7 車縫脇邊和股下、下襬

5 車縫褲子

①摺疊褶襉疏縫固定。
0.5
前褲管（正面）　後褲管（正面）

③縫份兩片一起進行Z字形車縫，縫份倒向右側。
前褲管（正面）
前褲管（背面）
②正面相對疊合車縫。
1

※後褲管也以相同方法車縫，縫份倒向左側。

6 接縫身片和褲子

前身片（正面）
②縫份兩片一起進行Z字形車縫。
①正面相對疊合車縫。
前褲管（背面）
1

③縫份倒向身片側
從正面車縫。
0.2
前褲管（正面）

7 車縫脇邊和股下、下襬

前身片（背面）
①正面相對疊合車縫。
連著另一側一起車縫。
前褲管（背面）
②縫份兩片一起進行Z字形車縫，縫份倒向後側。
④前側剪牙口。
4
1

袖襱
2
③車縫固定。
前身片（背面）

（背面）
⑤燙開縫份。

（背面）
0.2
3
1
⑥三摺邊車縫。

72

V.圍裙

完成尺寸
衣長　104.5／107／112.5／113cm

材料
棉麻先染水洗加工條紋布（深藍）寬108cm×240／240／250／250cm
黏著襯3×30cm
直徑1cm釦子2個
釦環2個

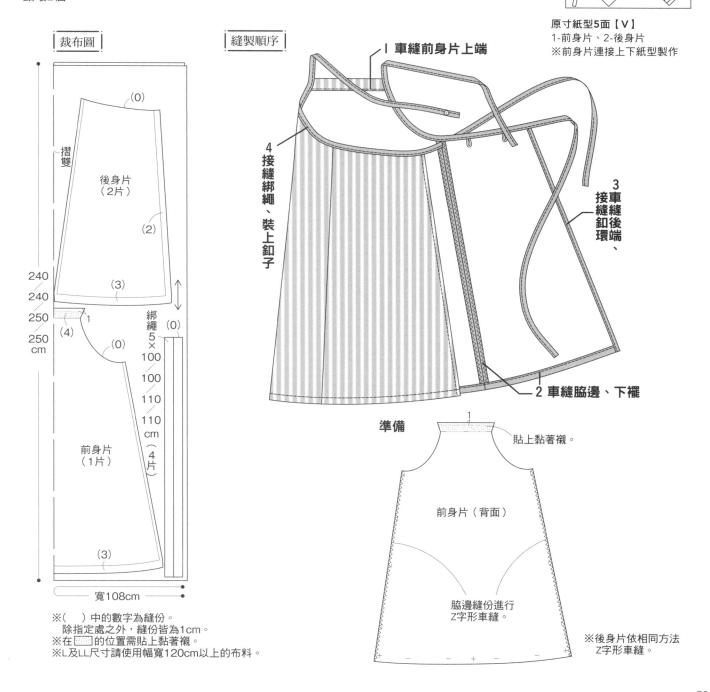

原寸紙型5面【Ⅴ】
1-前身片、2-後身片
※前身片連接上下紙型製作

|裁布圖|

摺雙

後身片
（2片）

(0)

(2)

(3)

240／240／250／250 cm

(4)　1

(0)

綁繩
5×
100
100
110
110
cm
（4片）

(0)

前身片
（1片）

(3)

寬108cm

※（　）中的數字為縫份。
　除指定處之外，縫份皆為1cm。
※在▨的位置需貼上黏著襯。
※L及LL尺寸請使用幅寬120cm以上的布料。

|縫製順序|

1 車縫前身片上端

4 接縫綁繩、裝上釦子

3 車縫後端、接縫釦環

2 車縫脇邊、下襬

準備

1
貼上黏著襯。

前身片（背面）

脇邊縫份進行
Z字形車縫。

※後身片依相同方法
Z字形車縫。

73

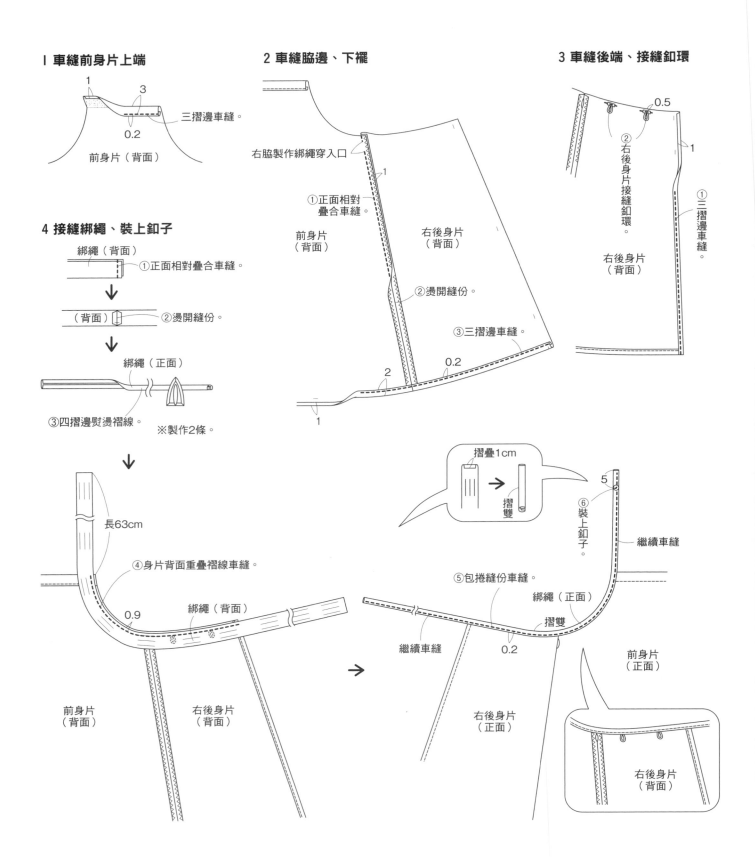

I 車縫前身片上端

1
3
0.2
三摺邊車縫。
前身片（背面）

2 車縫脇邊、下襬

右脇製作綁繩穿入口
①正面相對疊合車縫。
前身片（背面）
右後身片（背面）
②燙開縫份。
③三摺邊車縫。
0.2
1
2
1

3 車縫後端、接縫釦環

0.5
②右後身片接縫釦環。
1
①三摺邊車縫。
右後身片（背面）

4 接縫綁繩、裝上釦子

綁繩（背面）
①正面相對疊合車縫。
（背面）②燙開縫份。
綁繩（正面）
③四摺邊熨燙褶線。
※製作2條。

長63cm
④身片背面重疊褶線車縫。
0.9
綁繩（背面）
前身片（背面）
右後身片（背面）

摺疊1cm
摺雙
⑤包捲縫份車縫。
繼續車縫
0.2
摺雙
綁繩（正面）
右後身片（正面）
5
⑥裝上釦子。
繼續車縫

前身片（正面）
右後身片（背面）

X.巴爾瑪肯外套

PHOTO▶ P.34

完成尺寸
胸圍　107／111／117／123cm　衣長　57／58／60／61cm

材料
亞麻布（卡其色）寬145cm×150／160／160／170cm
1.1cm寬滾邊條360cm
黏著襯80×65cm
直徑1.8cm釦子4個

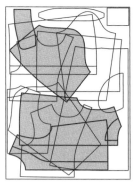

原寸紙型2面【X】
1-前身片、2-前貼邊、3-後身
片、4-後貼邊、5-袖子、6-領子

裁布圖

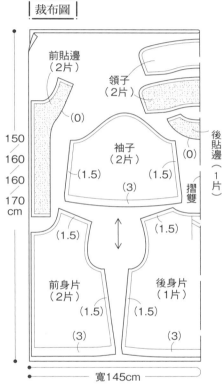

150
160
160
170
cm

前貼邊
（2片）

領子
（2片）

（0）

（0）

後貼邊（1片）

摺雙

袖子
（2片）

（1.5）　（1.5）
（3）

（1.5）

（1.5）

前身片
（2片）

後身片
（1片）

（1.5）　（1.5）

（3）　（3）

寬145cm

※（　）中的數字為縫份。
　除指定處之外，縫份皆為1cm。
※在 ▨ 的位置需貼上黏著襯。

縫製順序

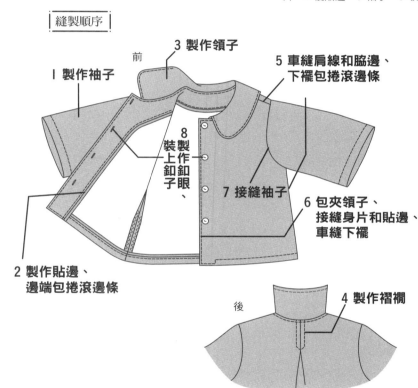

Ⅰ 製作袖子

3 製作領子

前

5 車縫肩線和脇邊、
下襬包捲滾邊條

8 製作釦眼、裝上釦子

7 接縫袖子

6 包夾領子、
接縫身片和貼邊、
車縫下襬

2 製作貼邊、
邊端包捲滾邊條

後

4 製作褶襉

準備

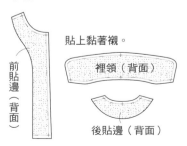

貼上黏著襯。

前貼邊（背面）

裡領（背面）

後貼邊（背面）

肩、脇邊、袖下縫份
進行Z字形車縫。

前身片

袖子

※後身片依相同方法製作。

Ⅰ 製作袖子

①正面相對疊合
車縫袖下。

②燙開縫份。

袖子（背面）

1

③袖口Z字形車縫。

（背面）

0.3

④摺疊縫份車縫。

2 製作貼邊、邊端包捲滾邊條

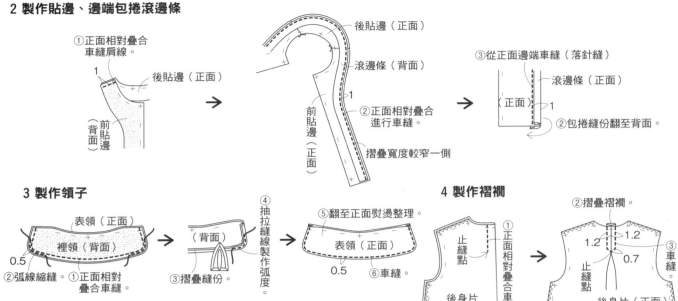

①正面相對疊合車縫肩線。

1

後貼邊（正面）

前貼邊（背面）

後貼邊（正面）

滾邊條（背面）

前貼邊（正面）

1

②正面相對疊合進行車縫。

摺疊寬度較窄一側

③從正面邊端車縫（落針縫）

滾邊條（正面）

（正面）

1

②包捲縫份翻至背面。

3 製作領子

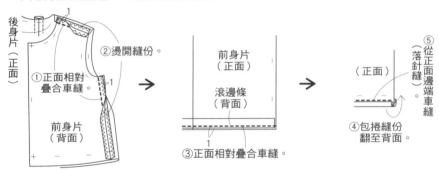

表領（正面）

裡領（背面）

0.5

②弧線縮縫。

①正面相對疊合車縫。

（背面）

③摺疊縫份。

④抽拉縫線製作弧度。

⑤翻至正面熨燙整理。

表領（正面）

0.5

⑥車縫。

4 製作褶襉

②摺疊褶襉。

①正面相對疊合車縫。

止縫點

後身片（背面）

1.2　1.2

1.2　0.7

止縫點

③車縫。

後身片（正面）

5 車縫肩線和脇邊、下襬包捲滾邊條

後身片（正面）

②燙開縫份。

①正面相對疊合車縫。

1

前身片（背面）

前身片（正面）

滾邊條（背面）

③正面相對疊合車縫。

1

（正面）

⑤從正面邊端車縫（落針縫）

④包捲縫份翻至背面。

6 包夾領子、接縫身片和貼邊、車縫下襬

①重疊領子疏縫固定。

0.5

止領點圍

表領（正面）

止領點圍

表領（正面）

③弧線剪牙口。

②正面相對疊合車縫。

④縫份裁剪邊角

1

前身片（正面）

前貼邊（背面）

⑤貼邊翻至正面熨燙整理。

0.5

前貼邊（正面）

表領（正面）

0.5

前身片（背面）

⑥摺疊下襬縫份。

0.5

⑦車縫。

前身片（背面）

⑧藏針縫。

※下襬重疊至落針縫針目上車縫

7 接縫袖子

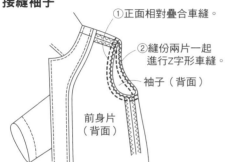

①正面相對疊合車縫。

②縫份兩片一起進行Z字形車縫。

袖子（背面）

前身片（背面）

8 製作釦眼、裝上釦子

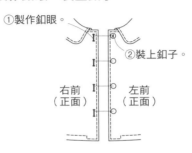

①製作釦眼。

②裝上釦子。

右前（正面）

左前（正面）

W.無領外套

PHOTO▶ P.32

完成尺寸
胸圍　107／111／117／123cm　衣長　57／58／60／61cm

材料
丹寧布寬145cm×130／140／140／150cm
1.1cm寬滾邊條360cm
黏著襯30×65cm
直徑1.8cm釦子1個
20至30號壓線專用車縫線（白）

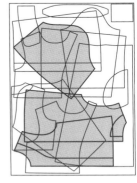

原寸紙型2面【W】
1-前身片、2-前貼邊、
3-後身片、4-後貼邊、5-袖子

裁布圖

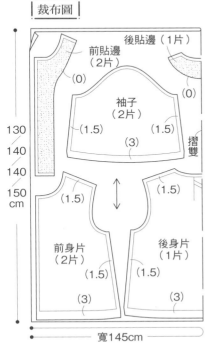

後貼邊（1片）
前貼邊（2片）
（0）
（0）
袖子（2片）
（1.5）　（1.5）
（3）
摺雙

130
140
140
150
cm

（1.5）
（1.5）
前身片（2片）
後身片（1片）
（1.5）　（1.5）
（3）　（3）

寬145cm

※（　）中的數字為縫份。
　除指定處之外，縫份皆為1cm。
※在▨的位置需貼上黏著襯。

縫製順序

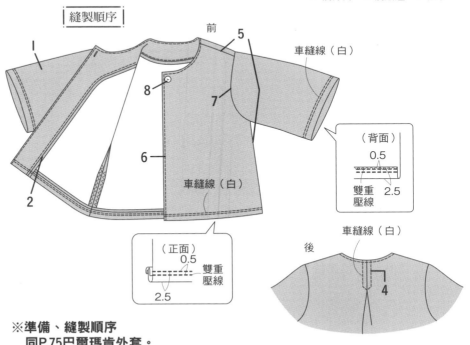

前
5
車縫線（白）
8
7
6
車縫線（白）

（背面）
0.5
雙重壓線
2.5

（正面）
0.5
雙重壓線
2.5

後
車縫線（白）
4

※準備、縫製順序
同P.75巴爾瑪肯外套。
但沒有領子。
袖口和下襬參考上圖。

Y.巴爾瑪肯大衣

PHOTO▶ P.35

完成尺寸
胸圍　107／111／117／123cm　衣長　104／107／113／114cm

材料
亞麻布（黑色）寬145cm×290cm
1.1cm寬滾邊條460cm
黏著襯60×120cm
直徑1.8cm釦子8個

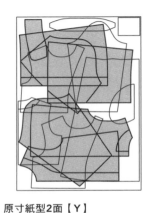

原寸紙型2面【Y】
1-前身片、2-前貼邊、3-後身
片、4-後貼邊、5-袖子、6-領子
※前後身片連接上下紙型製作

|裁布圖|

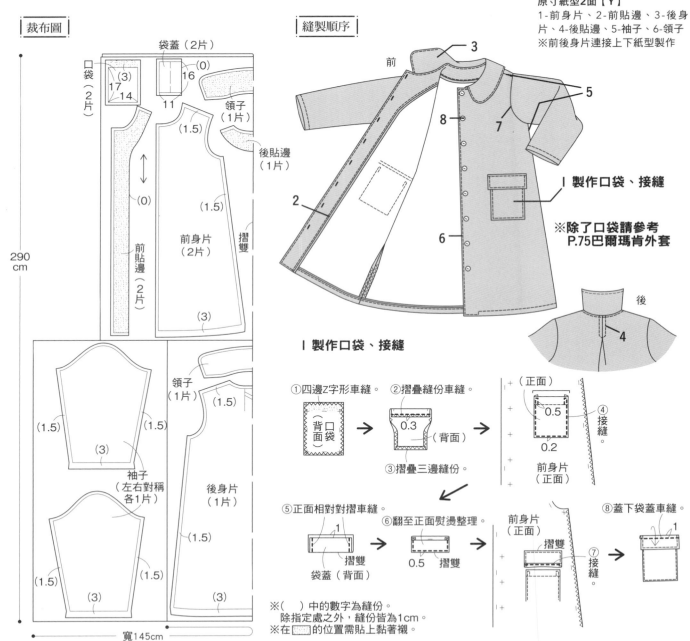

|縫製順序|

前

3

5

7

8

2

6

I 製作口袋、接縫

※除了口袋請參考
P.75巴爾瑪肯外套

後

4

袋蓋（2片）

口袋
（3）
17
14
（2片）

16
（0）
11

領子
（1片）

（1.5）

後貼邊
（1片）

前貼邊
（2片）

前身片
（2片）

摺雙

（0）

（1.5）

（1.5）

（3）

290
cm

袖子
（左右對稱
各1片）

領子
（1片）

後身片
（1片）

（1.5）　（1.5）

（3）

（1.5）

（1.5）

（1.5）

（3）

（1.5）

（3）

（3）

寬145cm

I 製作口袋、接縫

①四邊Z字形車縫。
（背面）口袋

②摺疊縫份車縫。
0.3
（背面）

③摺疊三邊縫份。

（正面）
0.5
0.2
前身片
（正面）
④接縫。

⑤正面相對對摺車縫。
1
摺雙
袋蓋（背面）

⑥翻至正面熨燙整理。
0.5　摺雙

前身片
（正面）
摺雙
⑦接縫。

⑧蓋下袋蓋車縫。
1

※（ ）中的數字為縫份。
　除指定處之外，縫份皆為1cm。
※在▨的位置需貼上黏著襯。

Z.粗呢大衣

PHOTO▶ P.36

完成尺寸

胸圍　104／107／113／119cm　　衣長　104／107／112.5／113.5cm

材料

雙面羊毛布寬118cm×320／330／330／340cm
黏著襯25×10cm

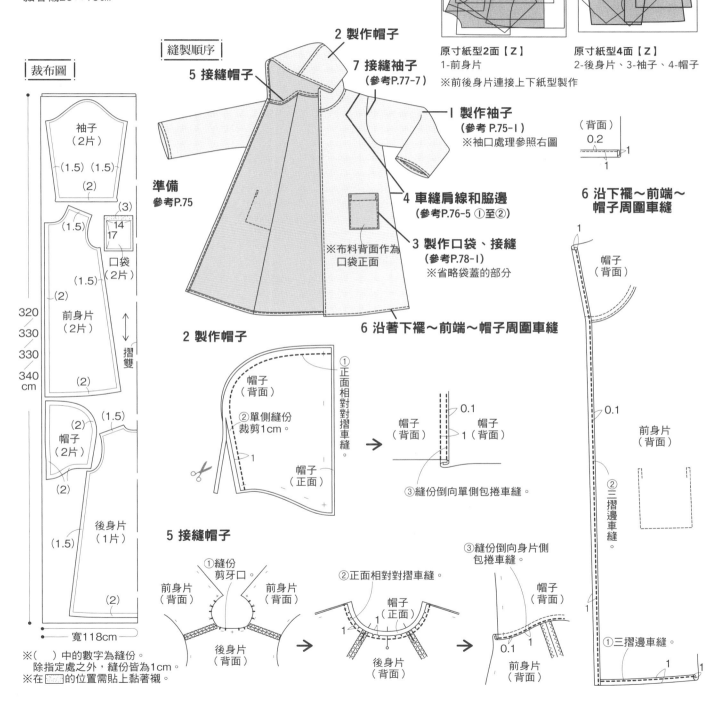

原寸紙型2面【Z】
1-前身片

原寸紙型4面【Z】
2-後身片、3-袖子、4-帽子

※前後身片連接上下紙型製作

│裁布圖│

袖子（2片）
（1.5）（1.5）
（2）
（3）
14
17
口袋（2片）
（1.5）
（2）
前身片（2片）
摺雙
320
330
330
340
cm
（2）
（1.5）
（2）
帽子（2片）
（2）
（1.5）
後身片（1片）
（2）
寬118cm

※（ ）中的數字為縫份。
除指定處之外，縫皆為1cm。
※在□的位置需貼上黏著襯。

│縫製順序│

2 製作帽子

5 接縫帽子

7 接縫袖子
（參考P.77-7）

1 製作袖子
（參考P.75-1）
※袖口處理參照右圖

4 車縫肩線和脇邊
（參考P.76-5 ①至②）

3 製作口袋、接縫
（參考P.78-1）
※省略袋蓋的部分

※布料背面作為
口袋正面

準備
參考P.75

6 沿著下襬～前端～帽子周圍車縫

2 製作帽子

帽子（背面）
①正面相對對摺車縫。
②單側縫份裁剪1cm。
1
帽子（正面）

0.1
帽子（背面）　帽子（背面）
1
③縫份倒向單側包捲車縫。

5 接縫帽子

①縫份剪牙口。
前身片（背面）　前身片（背面）
後身片（背面）

②正面相對對摺車縫。
帽子（正面）
1 1
後身片（背面）

③縫份倒向身片側包捲車縫。
帽子（背面）
1 1
前身片（背面）
0.1

（背面）
0.2
1

6 沿下襬～前端～帽子周圍車縫

1
帽子（背面）
②三摺邊車縫。
0.1
前身片（背面）
①三摺邊車縫。
1 1

國家圖書館出版品預行編目(CIP)資料

就是喜歡這樣的自己‧May Me的自然自在手作服/伊藤みちよ著; 洪鈺惠譯.
-- 初版. – 新北市：雅書堂文化, 2020.11
　　面；　公分. -- (Sewing縫紉家; 40)
ISBN 978-986-302-561-0(平裝)

1.縫紉 2.衣飾 3.手工藝

426.3　　　　　　　　　　　　109017263

Sewing 縫紉家 40

就是喜歡這樣的自己
May Me的自然自在手作服

作　　者／伊藤みちよ
譯　　者／洪鈺惠
發 行 人／詹慶和
執行編輯／劉蕙寧
編　　輯／蔡毓玲‧黃璟安‧陳姿伶
封面設計／韓欣恬
美術編輯／陳麗娜‧周盈汝
內頁排版／韓欣恬
出 版 者／雅書堂文化事業有限公司
發 行 者／雅書堂文化事業有限公司
郵撥帳號／18225950　郵政劃撥戶名：雅書堂文化事業有限公司
地　　址／新北市板橋區板新路206號3樓
網　　址／www.elegantbooks.com.tw
電子郵件／elegant.books@msa.hinet.net
電　　話／(02)8952-4078
傳　　真／(02)8952-4084

2020年11月初版一刷　定價 450 元

MAY ME STYLE OTONA NO MAINICHIFUKU（NV80592）
Copyright © Michiyo Ito/NIHON VOGUE-SHA 2018
All rights reserved.
Photographer: Yukari Shirai, Tetsuya Yamamoto
Original Japanese edition published in Japan by NIHON VOGUE Corp.
Traditional Chinese translation rights arranged with NIHON VOGUE Corp.
through Keio Cultural Enterprise Co., Ltd.
Traditional Chinese edition copyright © 2020 by Elegant Books Cultural Enterprise Co., Ltd.

經銷／易可數位行銷股份有限公司
地址／新北市新店區寶橋路235巷6弄3號5樓
電話／(02)8911-0825　傳真／(02)8911-0801

PROFILE

May Me 伊藤みちよ

以「不受到流行左右，經得起時間考驗的簡單設計」為主軸，製作成人款式的服裝。洗練又時尚的作品受到廣大年齡層讀者的支持，另外製作方法簡單、可以輕鬆縫製屬於自己的款式，也是人氣不墜的原因之一。著有《自然簡約派的大人女子手作服：自己作超舒適又時尚的28款連身裙‧長版衫‧裙褲‧外套》、《簡單穿就好看！大人女子的生活感製衣書：25款日常實穿連身裙.長版上衣.罩衫》（雅書堂出版）等。並擔任VOGUE學園講師。

HP：http://www.mayme-style.com/

STAFF

書籍設計／ニルソンデザイン事務所（望月昭秀‧境田真奈美）
攝影／白井由香里‧山本哲也（靜物‧縫製步驟）
造型師／シダテルミ
髮型師／AKI
模特兒／仲程カンナ（身高169cm／M尺寸）
作法解說／網田ようこ
紙型繪製／加山明子
紙型放版／（有）セリオ
編輯協力／笠原愛子
編輯／浦崎朋子

版權所有‧翻印必究